Quality Control

QC検定3級

テキスト+問題集

高野左千夫 編著

QC検定1級・中小企業診断士・
エネルギー管理士・
第一種冷凍機械責任者　等多数

弘文社

はじめに

本書は，品質管理検定（QC 検定）３級の試験に合格することを目的としたテキストです。品質管理検定は，１級から４級までの４つの級で構成されています。その中でも３級試験は，業種や業態にかかわらず自分たちの職場の問題解決を行う全社員が対象とされており，最も多くの方が受検する級となっています。

〈品質管理検定（QC 検定）のねらい〉

組織で働く従業員等の品質管理能力の向上を目的とし，製品の品質改善やコストダウンの実現など，日本のものづくり・サービスづくりにおける品質向上への貢献を行う。

〈３級の対象とする人物〉

業種や業態にかかわらず自分たちの職場（事務・営業・サービス・生産・技術などを含む全て）の問題解決を行う全社員を対象とする。

本書では，各編ごとに本試験と同等レベルの演習問題を数多く掲載して，テキストの内容がより確実に理解できるように工夫されています。

本書により，効率的学習に有効活用されて，「QC 検定３級」に合格されることを願っています。

高野　左千夫

本書の特徴

QC 検定試験の出題範囲は，「品質管理検定レベル表」として公表されています。

本書は，この「品質管理検定レベル表（2019年11月改訂版）」をベースとして，過去５年間の本試験問題を徹底分析して編集しています。

1．テキスト欄の特徴

各章の最初に，出題頻度を★の数で表しています。本文の重要用語やキーワードは色刷りとし，また図や表を多くして，理解し易くしています。

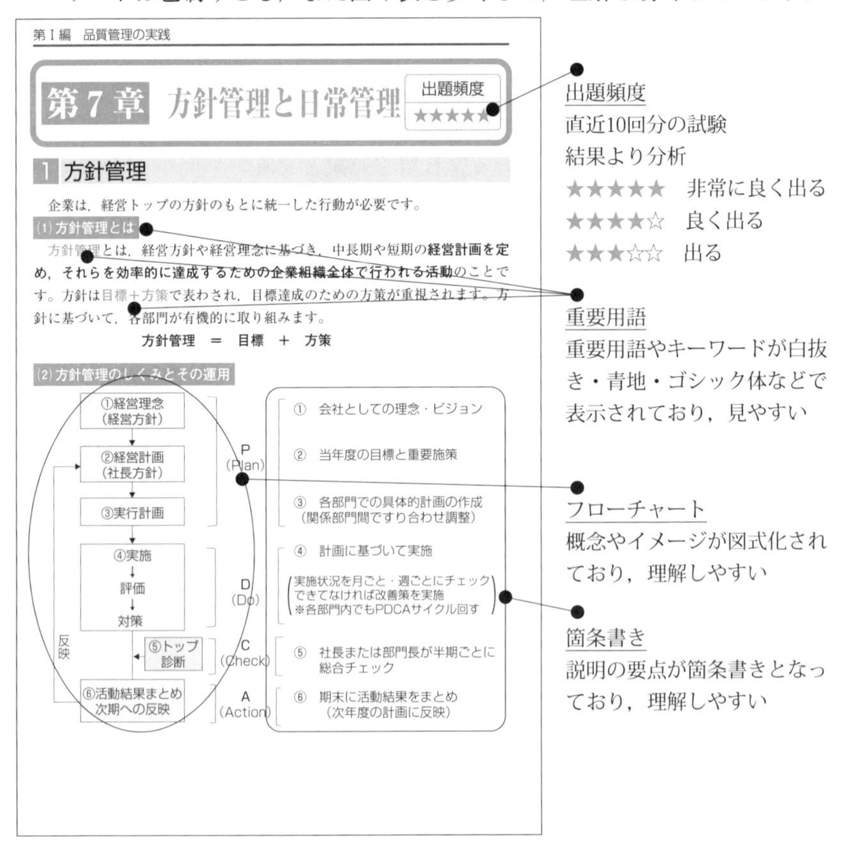

2．チェックポイント

各章の最後に『本章のチェックポイント』を掲載しています。重要用語や重要事項の理解度確認に活用してください。

第７章のチェックポイント

（1）方針管理とは，経営方針に基づいた中長期または短期の経営計画を，効率的に達成するための**企業組織全体の活動**である。

（2）方針管理における方針は，「**目標十方策**」で表わされる。
方針　＝　目標　＋　方策

（3）日常管理とは，各部門の業務において，効率的に目標達成するために**日常実施しなければならない全ての活動**である。

（4）日常管理の活動は，**現状維持活動**を基本とするが，さらに好ましい状態へ**改善する活動も含む**。
日常管理　＝　維持活動　＋　改善活動

ポイントチェック
各章ごとに本欄があり，重要用語の理解度チェックができます。

3．演習問題

本試験レベルの『演習問題』を掲載しています。

演習問題〈工程能力指数〉

【問題１】 **次の文章において，（　　）内に入る適切なものを下記選択肢から１つ選び，答えよ。ただし，各選択肢を複数回用いることはない。**

①A社では，製品のデータが規格の公差に対して，どれ位の余裕をもって生産がされているのかを調べるために，毎月のデータから（　1　）の値を計算して，評価している。これは，規格幅（規格上限値と規格下限値の差）を実際の製品データが示すばらつきを元に算出した（　2　）の値で割ったものである。

演習問題
本試験レベルの問題を掲載しています。演習問題の繰り返し学習により，合格レベルの知識が身に付きます。

4．解答と解説

『解答と解説』では，解答内容の詳しい説明を行っています。（特に計算問題では計算過程までを明示）

解答と解説（工程能力指数）

【問題１】
解答　(1) オ　(2) カ　(3) ウ　(4) キ　(5) エ
(6) コ　(7) エ　(8) ウ

解説
(1) 安定状態にあるか否かの判断に，**工程能力指数**はとても有効である。
(2) 工程能力指数は，C_p＝（**規格上限値 − 規格下限値**）／（$6s$）である。
(3) C_p＝**1.33以上であれば，工程能力は十分であるとなる**。
(4) 分布状態を視覚的に把握する道具として，**ヒストグラム**が有効である。
(5) **標準偏差**　$s=\sqrt{(80.0/(21-1))}=2.00$
(6) **変動係数**　$CV=(2.4/10.0)\times100=24.0\%$
(7) **工程能力指数**　$C_p=(20.6-19.4)/(6\times0.10)=2.00$
(8) **工程能力指数**　$C_{pk}=(20.6-20.3)/(3\times0.10)=1.00$

解答
各設問別の解答を記載しています。

解説
解答に至った理由を詳しく説明しています。
特に手法編の計算問題では，計算過程が記載されており，問題を解きながら学べます。

QC 検定試験の概要

（1）QC 検定試験のねらい

「品質管理検定（QC 検定）」は，品質管理・改善を実施するための能力と，その能力を発揮するために必要な知識を，４段階のレベルに分けて筆記試験で客観的に評価し，品質管理の知識レベルの認定を行うものです。

主　催：（財）日本規格協会，（財）日本科学技術連盟

認　定：（社）日本品質管理学会

（2）試験内容

	求められる知識レベル	対象となる人物像
１級	品質管理に関する高い専門性や指導力が求められるレベル	○部門横断の品質問題解決をリードできる人 ○品質問題解決の指導的立場の品質技術者
２級	統計的手法を活用し，問題解決や改善をリーダー的役割でできるレベル	○自部門の品質問題解決をリードできる人 ○品質にかかわる部署の管理職・スタッフ
３級	**品質管理の基本的な知識を理解し，QC 七つ道具などを用いて職場の問題を解決できるレベル**	**○業種・業態にかかわらず，職場の問題解決を行う全社員**
４級	社会人としての基礎的素養や品質管理に関する用語の知識を有するレベル	○初めて品質管理を学ぶ人 ○新入社員・派遣社員の方などの従業員 ○初めて品質管理を学ぶ学生・高専・高校生

（3）３級の合格基準

３級に求められる知識・能力とは，品質管理に関する基礎的知識を有した上で，QC 七つ道具を使って，職場で発生する問題を QC 的問題解決法を駆使して，解決できるようになるレベルです。

○合格基準　① 全体の得点率が約70％以上

② 実践分野及び手法分野各々の得点率がそれぞれ約50％以上

（4） 3 級受検者数と合格率

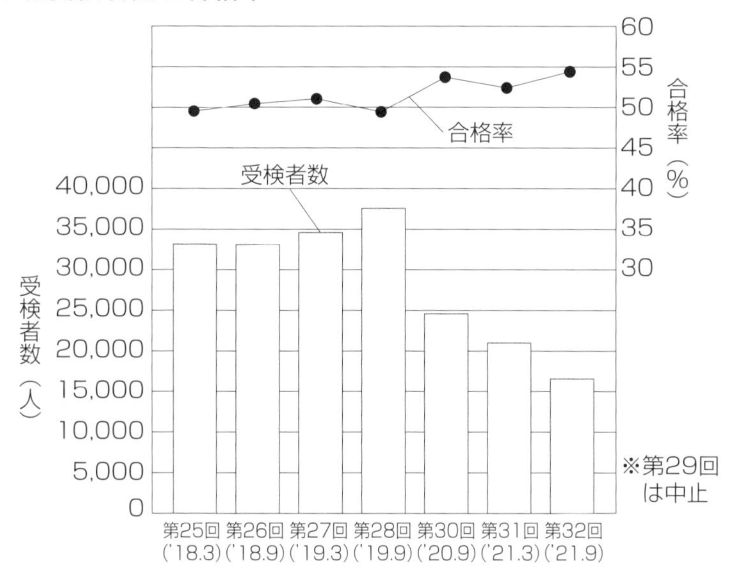

（5） 3 級試験問題の傾向と対策

＜出題傾向＞

①「実践分野に関する問題」と「手法分野に関する問題」が約50：50でバランス良く出題されている。

② 実践分野に関しては，「管理の方法」や「方針管理と日常管理」「小集団活動と人材育成」を中心として，出題範囲全体から幅広く出題されている。

③ 手法分野に関しては，「QC 七つ道具に関する問題」が約半数を占めており，QC 七つ道具の活用に関する理解が不可欠です。次に，「新 QC 七つ道具」「統計的方法の基礎」「管理図」となっている。

＜得点状況＞

① 受験生の得点率を見ると，手法分野の得点率は実践分野より低くなっている。

② この手法分野では，得点率50％未満の人が約15～30％いる。

＜試験対策＞

したがって，合格するには，実践分野の得点70％以上確保するだけでなく，手法分野の得点も最低50％以上・できれば70％以上を確保することが必要です。

［3 級過去問題（分野別出題数）］

		項　目	出題数（分野別）							小計
			25回	26回	27回	28回	30回	31回	32回	
			2018年		2019年		2020	2021年		
			3 月	9 月	3 月	9 月	9 月	3 月	9 月	
実践分野	1	品質の概念	0	1	1	1	1	1	1	6
	2	管理の方法	1	1	1	1	3	2	2	11
	3	QC 的ものの見方・考え方	1	1	3	1	1	0	1	8
	4	新製品開発	1	0	1	1	1	1	1	6
	5	プロセス（工程）管理	1	1	1	1	1	1	1	7
	6	検査と測定	0	1	0	0	0	0	0	1
	7	方針管理と日常管理	1	2	1	2	3	1	1	11
	8	標準化	0	1	1	1	1	1	0	5
	9	小集団活動と人材育成	3	1	0	2	2	1	2	11
	10	品質マネジメントシステム	0	0	0	0	1	0	0	1
	小　計		8	9	9	10	14	8	9	67
手法分野	1	データの取り方とまとめ方	2	1	0	0	1	0	1	5
	2	工程能力指数	0	1	0	0	1	0	0	2
	3	QC 七つ道具の活用	4	4	6	6	4	6	5	35
	4	管理図	1	1	1	1	1	0	1	6
	5	新 QC 七つ道具	1	1	1	1	1	1	1	7
	6	統計的方法の基礎	1	0	1	1	2	1	1	7
	7	相関分析	1	1	1	0	1	0	0	4
	小　計		10	9	10	9	11	8	9	66
合　計			18	18	19	19	25	16	18	133

※第29回は中止

受検ガイド

（1）試験日程

試験日：年２回実施（①３月／②９月）

時　間：90分間（13:30～15:00）

（2）申し込み期間

①３月実施の申込受付：前年12月上旬～当年１月上旬

②９月実施の申込受付：６月上旬～７月上旬

（3）受検資格

特に制限はありません。

（4）受検料（税込み）

5,170円（３級）

（5）形式

マークシート方式

（6）持ち物

①受検票

受検者本人の写真（30mm ×24mm）を貼付したもの

②筆記用具

鉛筆（HB またはB）・シャープペンシル（HB またはB）・消しゴム

③時計

（時計のない試験会場もあるので必携）

④電卓×１台

√（ルート）付きの一般電卓に限る。

※上記受検ガイドの内容は変更されることがあります。
必ずはやめに各自でご確認下さい。

目　次

第Ⅰ編

品質管理の実践

品質管理を実践するためには，品質管理の考え方を理解した上で，改善活動などの進め方の知識が必要です。本編では，これらの実践に必要な「品質の概念」「管理の方法」「QC 的ものの見方・考え方」「問題解決法」…，などについて学びます。

第1章　品質の概念

出題頻度
★★★☆☆

1 品質の定義

品質とは，**「顧客に提供される商品やサービスが，顧客から要求されるニーズをどの程度満たしているか」**の程度のことです。すなわち，売り手側である生産者から提供される商品・サービスについて，買い手側である消費者（顧客）が求める特性との適合度合いのことです。JISQ 9000：2015では，**「対象に本来備わっている特性の集まりが，要求事項を満たす程度」**とされています。

2 要求品質と品質要素

要求品質とは，**「製品に対する要求事項の中で品質に関するもの」**のことです。顧客（市場）からの要求（生の声）は，そのままでは品質情報としては扱えません。要求品質に変換する必要があります。

品質要素とは，**「要求品質を展開（品質展開）して表わした個々の性能や性質」**のことです。具体的には，「機能」「性能」「操作性」「安全性」「信頼性」などがあります。

そして品質特性とは，**「品質要素を客観的に評価するための性質」**のことです。すなわち，抽象的表現を具体的な評価ができる表現に置き換えたものと言えます。

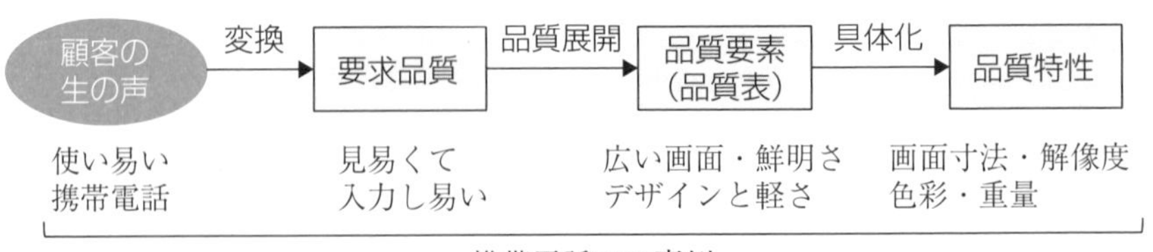

携帯電話での事例

真の特性とは，**顧客要望の中で直接測定できる特性**のことです（**実用特性**ともいう）。例えば，エアコンの外形寸法や冷房能力などがあります。

代用特性とは，**対象の品質特性を直接測定できないために測定できる代用となる特性**のことです。

官能特性とは，**人間の五感（視覚，聴覚，触覚，味覚，嗅覚）によって評価する特性**のことです。

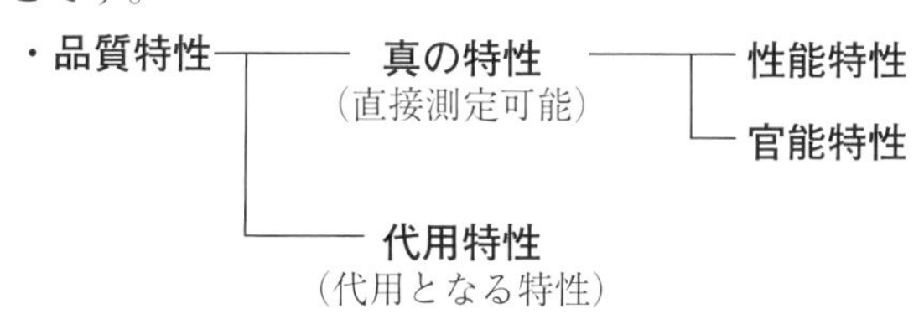

3 ねらいの品質とできばえの品質

企業活動は分業で成り立っており，各部門それぞれに品質があります。

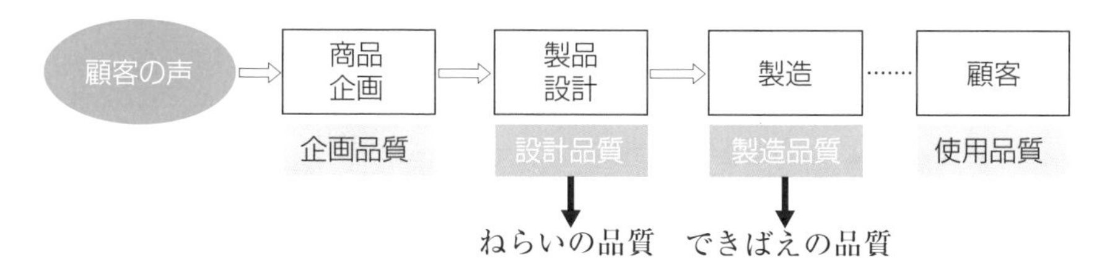

① 設計品質（または**ねらいの品質**）

製品のもつ機能や性能など，設計段階で決まる品質のことです。製造の目標としてねらう品質のことです。製品規格，図面規格，材料規格，などがあります。

② 製造品質（または**できばえの品質**）

設計品質を狙って，実際に製造した製品の品質のことであり，**適合品質**ともいいます。製造品質の良し悪しは，設計品質として設定された特性値に合致してるかどうかの品質です。ロット合格率などがあります。

4 当たり前品質と魅力的品質

品質を，**主観的側面である顧客満足度**と**客観的側面である物理的充足度**の２つの視点により区分する方法があります。それによると，品質要素は次のように定義できます。

① 魅力的品質

それが充足されれば満足を与えるが，不充足であっても仕方がないと受け取られる品質要素。

② 一元的品質

それが充足されれば満足し，不充足であれば不満を引き起こす品質要素。

③ 当たり前品質

それが充足されても当たり前と受け取られるが，不充足であれば不満を引き起こす品質要素。

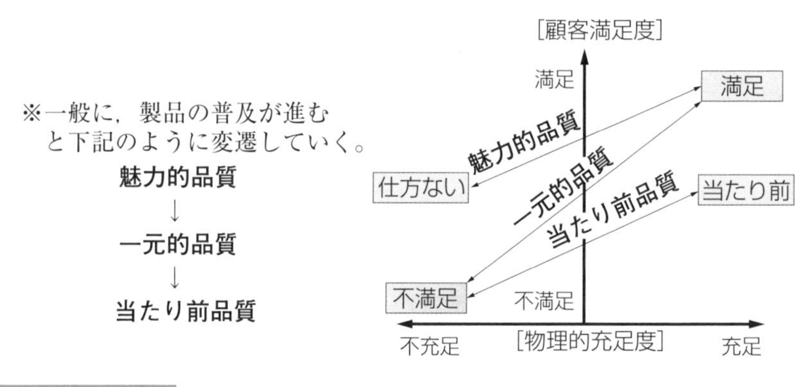

＜その他の品質＞

④ 無関心品質

充足しても満足を与えず，不充足でも不満を引き起こさない品質要素。(見えない部分の色や小さなキズ)

⑤ 逆品質

顧客によって満足度が異なるような品質要素。(たとえば，車のデザインや色など)

5 社会的品質

社会的品質とは，**「製品・サービス又はその提供プロセスが第三者のニーズを満たす程度」**（JSQC 定義）のことです。

具体的には，次の2通りがあります。

① **製品の使用や製品自体が第三者に与える影響**

自動車の排気ガスや家電製品のスクラップ投棄などがある。

② **提供プロセスが第三者に与える影響**

工場の排煙や廃液による公害，資源のムダ使いなどがある。

※**第三者**とは

「供給者と購入者・使用者」以外の不特定多数のこと。

大量生産・大量消費の時代の中で，製品の社会へ与える影響はますます大きくなっています。

6 顧客満足と顧客価値

顧客満足とは，**顧客自身が持っている要望を，製品やサービスが満たしていると顧客が感じている状態**のことです。（これを英語では Customer Satisfaction と記し，**CS** と略される）

一方，顧客価値とは，**製品・サービスを通して顧客が認識する価値**のことです。

すなわち企業活動は，製品・サービスを通じて「顧客価値（顧客が満足を得られる価値）」を提供して，顧客満足を得ることを目指します。

- **顧客満足** … 顧客が要望を満たされていると感じている状態
- **顧客価値** … 製品・サービスを通して顧客が認識する価値

第1章のチェックポイント

(1) 品質とは，顧客に提供される商品やサービスが，顧客から要求されるニーズをどの程度満たしているかの程度のことであり，顧客からの要求が品質のスタートである。

(2) 要求品質とは，製品に対する要求事項の中で品質に関するものであり，顧客の生の声を品質情報に変換したものである。

(3) 品質要素とは，要求品質を展開（品質展開）して表わした個々の性能や性質のことをいう。具体的には，「機能」「性能」「操作性」「安全性」「信頼性」などがある。

(4) 品質特性とは，品質要素を客観的に評価するための性質であり，真の特性と代用特性とがある。

(5) 真の特性とは，顧客要望の中で直接測定できる特性のことであり，例えば，エアコンの外形寸法や重量などがある。

(6) 代用特性とは，対象の品質特性を直接測定できないために，測定可能な代用となる特性のことである。

(7) 官能特性とは，人間の五感（視覚・聴覚・触覚・味覚・嗅覚）によって評価する特性のことである。

(8) 設計品質とは，ねらいの品質ともいい，製造の目標としてねらう品質である。(製品規格，図面規格，材料規格など)

(9) 製造品質とは，できばえの品質ともいい，設計品質を狙って，実際に製造した結果の品質である。(不適合品率，合格率など)

(10) 魅力的品質とは，それが充足されれば満足を与えるが，不充足であっても仕方がないと受け取られる品質要素である。

(11) 一元的品質とは，それが充足されれば満足し，不充足であれば不満を引き起こす品質要素である。

(12) 当たり前品質とは，それが充足されても当たり前と受け取られ，不充足であれば不満を引き起こす品質要素である。

(13) 無関心品質とは充足しても満足を与えず，不充足でも不満を引き起こさない品質要素である。

(14) 逆品質とは，顧客によって満足度が異なるような品質要素である。

(15) 社会的品質とは，製品・サービス又はその提供プロセスが第三者のニーズを満たす程度のことである。自動車の排気ガスや家電製品のスクラップ問題など。

(16) 顧客満足とは，顧客自身が持っている要望を，製品やサービスが満たしていると顧客が感じている状態のことである。

(17) 顧客価値とは，製品・サービスを通して顧客が認識する価値のことである。

演習問題〈品質の概念〉

【問題1】 **次の文章で，正しいものには○，正しくないものには×を選び，答えよ。**

① 品質とは，「顧客に提供される商品やサービスが，顧客から要求されるニーズをどの程度満たしているか」のことである。(　1　)

② 製品設計の段階で決まる品質を「できばえの品質」といい，製品仕様・規格値などが設定される。(　2　)

③ 製造の品質が設計図面通りであったとしても，必ず売れるとはかぎらない。(　3　)

④ 製品の品質には，社会的な影響を考えた品質として，ゴミ公害・環境保全・資源リサイクルといった使用後の品質も考慮する必要がある。(　4　)

⑤ お客様の声を良く聞き，製品設計や検査基準に反映することが大切である。顧客要求を数値化して，測定可能な数値に置き換えたものを代用特性という。(　5　)

⑥ 品質管理・品質保証の活動は，直接製品を設計し製造している部門だけに，理解と意欲・熱意が有れば充分である。(　6　)

⑦ 肌ざわり・使いやすさ・味など，人の感覚によって評価・判断される品質特性を「官能特性」という。(　7　)

⑧ 設計品質とは「ねらいの品質」ともいわれるが，ねらいであるから工程に実力が無ければ無視してもかまわない。(　8　)

⑨ 充足されると満足を与えるが，不充足であっても仕方がないと受け止められる品質要素のことを「当たり前品質」という。(　9　)

⑩ 顧客満足とは，「顧客要望を，製品が満たしていると感じている状態」のことである。(　10　)

【問題２】 **品質に関する次の文章で，（　　）内に入る最も適切なものを下記選択肢から１つ選び，答えよ。ただし，各選択肢を複数回用いることはない。**

① 製品に対する顧客ニーズ（要求品質）を，企業の中で個々の性能や性質に展開したものを（　1　）という。

② さらに，製品の技術的評価をするに当たって，具体的な尺度で表したものを（　2　）という。

【（　1　），（　2　）の選択肢】
ア.業務機能　　イ．品質水準　　ウ．品質特性　エ．品質要素

③ 品質特性は，（　3　）と（　4　）とに分けられる。（　3　）とは，顧客要望の中で直接測定できる特性のことで，実用特性ともいう。（　3　）には，（　5　）として計測できる機能品質もあるが，肌ざわりとか使いやすさなど，人の感性によって評価・判断される（　6　）もある。（　4　）とは，要求される品質特性を直接測定することが困難なため，その代用として用いる品質特性をいう。

④ 近年，社会的影響の大きいトラブルが多発している。製品やサービスが購入者・使用者以外の（　7　）に与える影響への考慮が必要となっている。

⑤（　8　）とは，製品やサービスに対して顧客が認識する価値のことであり，顧客が感じる便益とそれにかかったコストとの差で表せる。

⑥ 品質管理の実行段階で重視するのは，製品やサービス，使用時の顧客の満足である。これを英語の頭文字で（　9　）と記す。

【（　3　）～（　9　）の選択肢】
ア．性能特性　　イ．代用特性　　ウ．設計品質　　エ．第三者
オ．顧客価値　　カ．真の特性　　キ．CS　　ク．官能特性
ケ．社会的品質　　コ．品質要素　　サ．ES

【問題３】 **次の文章の説明は，「ねらいの品質であるか」「できばえの品質であるか」を下記選択肢から１つ選び，答えよ。ただし，各選択肢を複数回用いてもよい。**

① 作業者は未熟練者であり，機器の操作にも不慣れであった。そのため，作業ごとの作業時間が大きく異なり，また，できあがった製品の仕上がり寸法も想定より大きくばらついた。（　1　）

② 性能や機能面において，同等の他社製品よりも非常に優れていたが，使用方法が複雑であったために，問合せが多く苦情も寄せられていた。（　2　）

③ 顧客ニーズを調査しなかったために，製品仕様が顧客要望にマッチしておらず，販売当初より評判が悪く，思うように販売数が伸びなかった。（　3　）

④ 販売当初は期待通りの性能を発揮したが，１年ほど経過後に故障が多発するようになった。故障原因は，製造時の電圧変動により，部品を固定する力が不足したことにあった。（　4　）

⑤ 最終検査で基準を満たさない製品が多く，当初計画の生産ができなかった。原因は，製造作業に使用する機械設備の設定不良であった。（　5　）

⑥ 製品の販売後は使用者の評判も上々で，販売も順調であった。しかし，幼児の誤った操作でやけど事故が起こり，急遽，全製品を回収して改造を施した。（　6　）

⑦ 市場ニーズを調査し，どんな機能を備えれば良いか，どんなデザインにすれば良いかを考えて，設計を行い製造した。（　7　）

【（　1　）～（　7　）の選択肢】

ア．ねらいの品質　　　イ．できばえの品質

【問題４】 **品質に関する次の文章で，（　　）内に入る最も適切なものを下記選択肢から１つ選び，答えよ。ただし，各選択肢を複数回用いてもよい。**

① 顧客ニーズを掘り起こし，惹かれる（関心の高い）品質要素を持った製品を開発することが大切である。要求品質が充足されれば満足し，不充足でも仕方が無いと受け止められるような品質要素のことを（　1　）という。

② 日常使用している日用品や電気製品などの多くは，その要求品質が充足していてもあまり満足せず，不充足ならば大きな不満を表明するようになる。このような品質要素のことを（　2　）という。

③ 製品評価が当初は魅力的品質であっても，評価は時代とともに変化する。要求品質が充足されれば顧客は満足し，不充足であれば不満を表明するという品質要素を（　3　）という。

④ 充足されても不充足であっても，顧客の満足・不満足に影響を与えない品質要素を（　4　）という。

⑤ 充足されているのに不満を引き起こしたり，不充足であっても満足を引き起こすような品質要素を（　5　）という。

⑥ 自動車であれば「走行性能が高く，運転していて楽しい」「内装がおしゃれでデザイン性が高い」というように，満たされていなくても不満要因にはならず，満たされるとお客様の満足につながる品質要素を（　6　）という。

【（　1　）～（　6　）の選択肢】

ア．当たり前品質　　イ．創造的品質　　ウ．無関心品質
エ．二元的品質　　オ．社会的品質　　カ．一元的品質
キ．逆品質　　ク．魅力的品質

解答と解説（品質の概念）

【問題１】

解答
(1) ○	(2) ×	(3) ○	(4) ○	(5) ○
(6) ×	(7) ○	(8) ×	(9) ×	(10) ○

解説

(1) 本文の通り，品質の出発点は「顧客の要望」である。
(2) 製品設計の段階で決まる品質は，「できばえの品質」ではなく「ねらいの品質」である。設計品質ともいう。
(3) 設計図面内容が，顧客要望を十分に反映しているかどうかが重要である。
(4) 近年，社会的品質の要望が強くなってきている。
(5) 本文の通りである。品質を適正に管理するためには，代用特性での管理がとても大切である。
(6) 品質管理・品質保証の活動には，全部門・全員参加が必要である。
(7) 本文の通りである。ただし，官能特性はばらつきが生じやすいので，このばらつきを最小に抑える工夫が必要となる。
(8)「ねらいの品質」は無視せず，品質を確保できる工程にする必要がある。
(9)「当たり前品質」ではなく，「魅力的品質」の説明文である。
(10) 本文の通りである。

【問題２】

解答
(1) エ	(2) ウ	(3) カ	(4) イ	(5) ア
(6) ク	(7) エ	(8) オ	(9) キ	

解説

(1)(2) 顧客の要求品質からの具体的な展開順序は，下記通りとなる。

・要求品質　→　**品質要素**　→　**品質特性**

(3)～(6) 顧客要求から出て来た品質特性そのままの特性のことを**真の特性**，直接計測できないものを**代用特性**という。また真の特性の中にも計測できるものを**性能特性**，人の五感で判断するものを**官能特性**という。

・品質特性 ── 真の特性 ── 性能特性
　　　　　　　　　　　　└ 官能特性
　　　　　└ 代用特性

(7) 製造者・販売者は第一者，購入者・使用者は第二者，それ以外を**第三者**という。
(8) 製品やサービスに対して顧客が認識する価値を**顧客価値**という。
(9) 顧客満足のことを英語で Customer Satisfaction と記し，**CS** と略される。

【問題 3】

解答 (1) イ　(2) ア　(3) ア　(4) イ　(5) イ
(6) ア　(7) ア

解説

ねらいの品質（ア）とは製造の目標となる品質であり，**できばえの品質（イ）**とは製造した結果の品質である。

(1) 作業者の未熟練によるばらつきは，製造品質であり**できばえの品質**である。
(2) 顧客での取扱い方法を決定するのは設計段階であるから，設計品質，すなわち，**ねらいの品質**である。
(3) 製品仕様が顧客要望にマッチしないのは，製品企画・設計段階の品質であり，**ねらいの品質**である。
(4) 製造時の電圧変動による固定力の不足は，製造品質であり，**できばえの品質**である。
(5) 機械設備の設定不良は，**できばえの品質**である。
(6)「幼児の誤った操作でやけど事故」ということは，事故が起こらない製品設計ができていないので，**ねらいの品質**である。
(7) 市場ニーズの調査結果に基づいて，設計・製造を行っているので，**ねらいの品質**である。

【問題 4】

解答 (1) ク　(2) ア　(3) カ　(4) ウ　(5) キ
(6) ク

解説

(1) 充足されれば満足を与えるが，不充足であっても仕方がないと受け取られる品質要素を**魅力的品質**という。

⑵ 充足していてもあまり満足せず，不充足であれば不満を引き起こす品質要素を**当たり前品質**という。

⑶ 充足されれば満足し，不充足であれば不満を引き起こす品質要素を**一元的品質**という。

⑷ 充足しても満足を与えず，不充足でも不満を引き起こさない品質要素を**無関心品質**という。

⑸ 顧客によって満足度が異なるような品質要素を**逆品質**という。

⑹ 満たされていなくても不満要因にはならず，満たされるとお客様の満足につながる品質要素を**魅力的品質**という。

第2章 管理の方法

出題頻度 ★★★★★

顧客要望や社会的ニーズに合った商品やサービスを，効率的にタイムリーに提供するためには，維持と改善の２つの管理活動をバランス良く行うことが大切です。

1 維持活動と改善活動

維持活動とは，良い仕事をするために標準やマニュアルに従って仕事をして，**効率的にばらつきの少ない結果を生み出す活動**です。

一方，改善活動とは，現在の製品の品質レベルを向上したり，原価を下げたりするなど，**仕事のやりかたを工夫して水準を向上させる活動**です。

このように私たちは仕事において，維持だけでなく，改善も求められています。それらを合わせて仕事を効率良く行うために，管理活動が必要となります。この管理を合理的・効率的に進めるためには，PDCA サイクルを回すことが大切です

・維持活動
・改善活動
⇨ 管理活動（PDCAサイクル）が必要

2 PDCA サイクル

PDCA サイクルとは，**計画（P）・実施（D）・確認（C）・処置（A）**の４つのステップからなる**管理のサイクル**のことです。仕事を合理的・効率的に進めるためには，この４つのステップをうまく回すことが大切です。これを「**管理のサイクルを回す**」といいます。（この活動は，管理と名の付くすべての活動「生産管理・工程管理・販売管理など」に，当てはまります）

① Plan （計画）計画を立てる。
② Do （実施）実施計画に基いて実施する。
③ Check （確認）実施状況を確認する。
※差異が有れば，原因追究
④ Action （処置）適切な処置を行う。

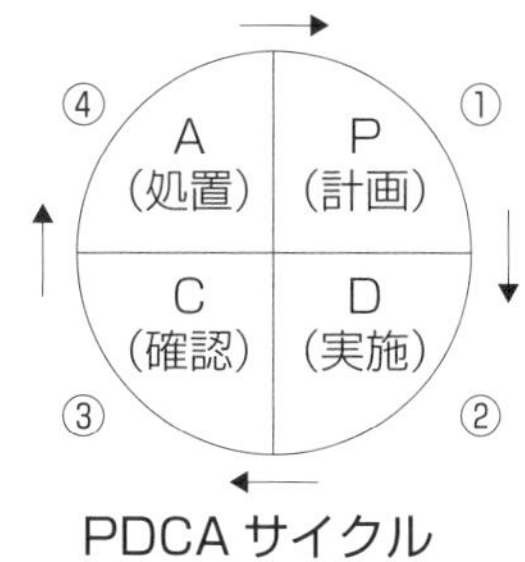

PDCA サイクル

以上の4つのステップ（P・D・C・A）を確実に回して，反省・処置することにより，仕事のやり方のレベルをだんだんと向上させることができます。

< SDCA サイクル>

SDCA サイクルとは，製造現場などで，**標準化（S）**が仕事のスタートとなる場合の管理サイクルです。

SDCA サイクル

< PDCAS サイクル>

PDCAS サイクルとは，**処置（A）**の後に処置の結果を反映した**標準化（S）**を行う管理サイクルです。

PDCAS サイクル

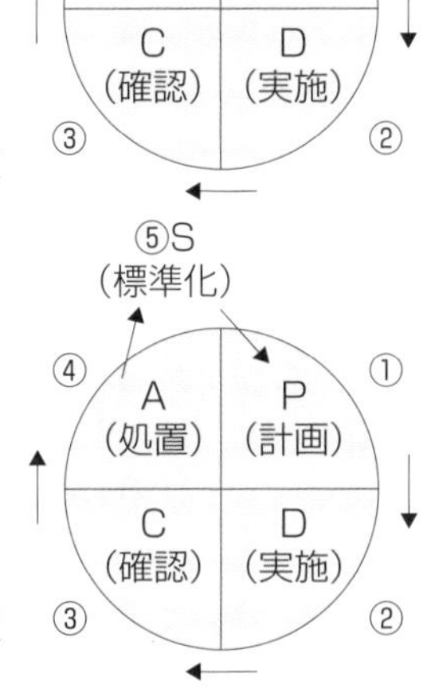

3 継続的改善

継続的改善とは，**目標を設定し，問題（又は課題）を特定し，問題解決（又は課題達成）を繰返し行う改善**のことです。品質の改善，工程の改善，仕事のやり方改善，など多くの改善活動があります。

この活動で大事なことは，これを一過性で終わらせずに，継続的（繰り返し）に行うことです。すなわち，**PDCA・SDCA のサイクル**を継続的（繰り返し）に回すことが大切です。

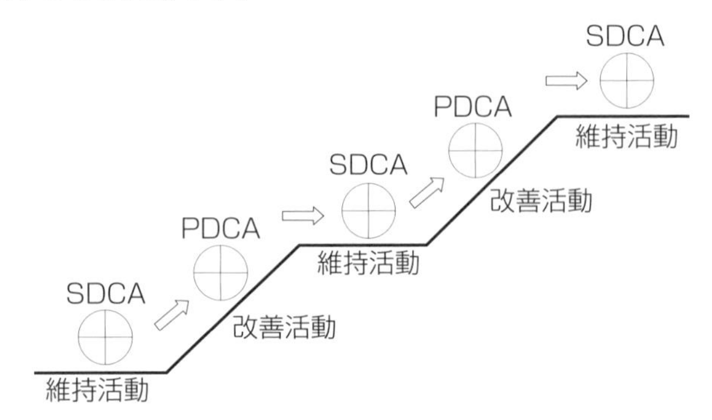

4 問題解決と課題達成

問題とは，**「現時点でのあるべき姿」と「現在の姿」との差（ギャップ）**のことです。この問題には，必ず問題を生じさせた原因があります。

一方，課題とは，**「将来においてのありたい姿」と「現在の姿」との差（ギャップ）**のことです。この課題には，原因は有りません。

これら2つの問題解決は，区別されたQCストーリーで実行します。

＜問題解決型QCストーリー＞

「現時点でのあるべき姿」と「現在の姿」との差の解決を図る手順です。

現時点での
あるべき姿
現在の姿
ギャップ
⇩
問　題

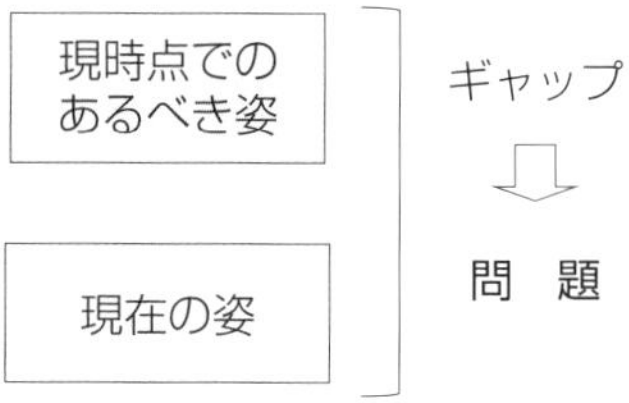

○対象テーマ

① 日頃困っていること，不便と感じていることの問題解決
② 製造工程などでの作業ミスや製品不良の撲滅
③ 品質やコスト・納期・安全性などの面での改善

＜課題達成型QCストーリー＞

「将来においてのありたい姿」と「現在の姿」との差の解決を図る手順です。

将来において
のありたい姿
現在の姿
ギャップ
⇩
課　題

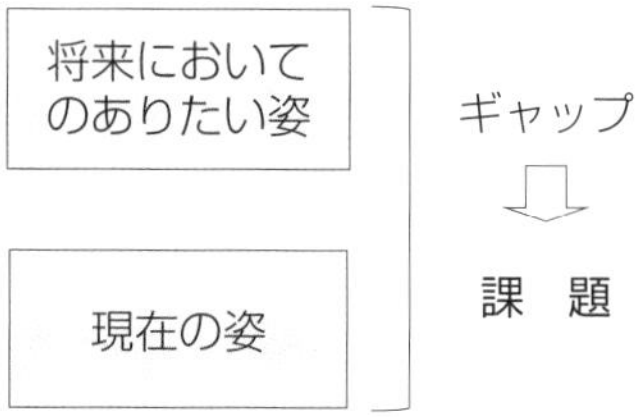

○対象テーマ

① 今までに経験したことのない新しい業務（新設備導入による生産性の大幅向上など）に対応するとき
② 従来からのやり方でなく，発想の転換により，業務を大幅に改善（事務処理の合理化や新商品の拡販など）するとき

※ QCストーリー**とは**

品質管理における**問題解決と課題達成を実施するための手順**のことです。
（活動をストーリー化することにより，活動がスムーズに進行して，効果的・効率的な目標達成が可能となる）

5 2つのQCストーリー

問題解決型と課題達成型のそれぞれのQCストーリーのステップは，次の通りです。いずれも8つのステップからなり，共通部分と異なる部分とがあります。

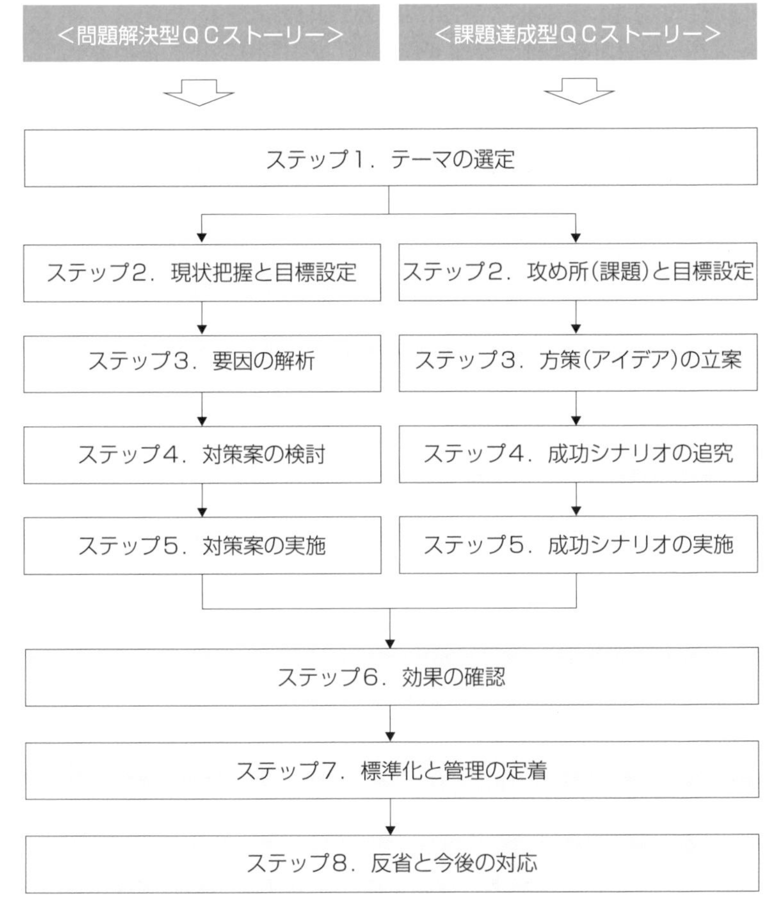

※1．**特に重要なステップ**が「3．要因の解析」と「3．方策の立案」です。これが十分でないと，次の「4．対策案の検討」「4．成功シナリオの追究」が正しい対策・シナリオとなりません。

2．**目標達成できなかった場合**（「6.効果の確認」で効果が確認できなかった場合）は，ステップ3へ戻ります。

6 問題解決型 QC ストーリー

問題解決型 QC ストーリーとは，発生している問題の原因を見つけ，解決方法を明確にして行う手順です。次のステップから成り立っています。

ステップ	実施内容	QC 手法（例）
① テーマの選定	・職場の問題点（または課題）を洗い出す。会社の方針や上司の方針を確認する。 ・問題点（または課題）を整理し評価してテーマを決定する。 ・テーマの選定理由も明確にしておく。	・パレート図 ・グラフ ・マトリックス図
② 現状把握と目標設定	・現状の問題箇所を調査する。 ・悪さ加減のデータを収集する。 ・目標を設定する。（できるだけ数値化）	・棒グラフ ・パレート図
③ 要因の解析	・問題の要因を洗い出す。 ・多くの中から，重要要因を絞り込む。 ・結果を分析し，真の原因を追究する。	・特性要因図 ・連関図 ・散布図，層別
④ 対策案の検討	・把握した原因に対して対策を考える。 ・具体的な実施計画を立てる。	・系統図 ・マトリックス図
⑤ 対策案の実施	・対策案をねばり強く実施する。	・ガントチャート
⑥ 効果の確認	・実施結果を確認して，目標を満足してるかどうかを評価する。 ・有形，無形の効果を把握する。 ・目標を満足してなければ，ステップ3へ。	・パレート図 ・チェックシート ・レーダーチャート
⑦ 標準化と管理の定着	・標準書の制定や改定を正式発行する。 ・教育，訓練を定例化する。 ・効果の維持をフォローするしくみを作る。	・グラフ ・管理図
⑧ 反省と今後の対応	・活動計画と実績の差異を明らかにする。 ・活動の進め方を反省し，良かった点／悪かった点などを明確にする。 ・問題点や課題を今後の活動に生かす。	・マトリックス図

7 課題達成型 QC ストーリー

課題達成型 QC ストーリーとは，新規業務への対応や，現状を大幅に改善する場合など，従来法での解決が困難な時の課題達成手順です。

ステップ	実施内容	QC 手法（例）
① テーマの選定	・職場の課題を洗い出し，また会社の方針や上司の方針を確認する。 ・課題を整理して，必要性を評価してテーマを決定する。 ・テーマの選定理由も明確にしておく。	・パレート図 ・グラフ ・マトリックス図
② 攻め所と目標設定	・ありたい姿を設定する。 ・攻め所（着眼点）を明確にする。 ・目標を設定する。（できるだけ数値化）	・マトリックス図 ・グラフ
③ 方策の立案	・方策案（アイデア）を出来るだけ多く出す。 ・その中から期待効果を評価する。 ・有効な方策をいくつか選び出す。	・マトリックス図 ・系統図 ・PDPC 法
④ 成功シナリオの追究	・実現させる具体的なシナリオを検討する。 ・成功シナリオの実施計画を立てる。	・マトリックス図 ・系統図
⑤ 成功シナリオの実施	・成功シナリオをねばり強く実施する。	・アローダイヤグラム法
⑥ 効果の確認	・実施結果を確認して，目標を満足してるかどうかを評価する。 ・有形，無形の効果を把握する。 ・目標を満足してなければ，ステップ3へ。	・パレート図 ・チェックシート ・レーダーチャート
⑦ 標準化と管理の定着	・標準書の制定や改定を正式発行する。 ・定着させるための教育，訓練の定例化を図る。 ・効果の維持をフォローするしくみをつくる。	・グラフ ・管理図
⑧ 反省と今後の対応	・活動計画と実績の差異を明らかにする ・活動の進め方を反省し，良かった点／悪かった点などを明確にする。 ・問題点や課題を今後の活動に生かす。	・マトリックス図

第2章のチェックポイント

（1）管理活動とは，**仕事を効率よく行うために必要は活動**である。活動には，維持だけでなく改善も含まれる。

管理活動＝維持活動＋改善活動

（2）維持活動とは，標準やマニュアルに従って仕事をし，**ばらつきの少ない結果を生み出す活動**である。

（3）改善活動とは，現在の品質レベルを向上したり，原価を下げたり，納期を早めたりするなど，**仕事のやりかたを工夫する活動**である。

（4）PDCA サイクルとは，**仕事の管理を合理的・効率的に行うために必要なサイクル**であり，「PDCA サイクルを回す」ことが大切です。

PDCA ＝ P（計画）・D（実施）・C（確認）・A（処置）

（5）継続的改善とは，**問題を特定し，問題解決を繰返し行う改善**をいう。一時的でなく，継続的に行うことが大切である。

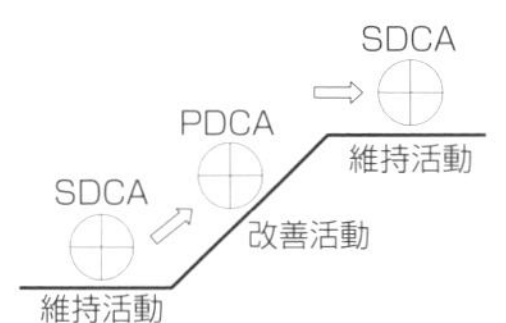

（6）問題とは，**「現時点でのあるべき姿」と「現在の姿」との差（ギャップ）**をいう。⇨**問題解決型**にて解決

（7）課題とは，**「将来においてのありたい姿」と「現在の姿」との差（ギャップ）**をいう。⇨**課題達成型**にて達成

（8）問題解決型 QC ストーリーとは，**問題解決を効果的かつ効率的に行う手順**のことをいう。下記の 8 ステップがある。

①テーマ選定　②現状把握と目標設定　③要因解析　④対策案検討
⑤対策案実施　⑥効果確認　⑦標準化と管理定着　⑧反省と今後

（9）課題達成型 QC ストーリーとは，**課題達成を効果的かつ効率的に行う手順**のことをいう。下記の 8 ステップがある。

①テーマ選定　②攻め所と目標設定　③方策立案　④成功シナリオ追究
⑤成功シナリオ実施　⑥効果確認　⑦標準化と管理定着　⑧反省と今後

演習問題〈管理の方法〉

【問題１】 **次の文章において，正しいものには○，正しくないものには×を選び，答えよ。**

① 私たちの日常の仕事は，維持活動だけでなく改善活動も求められている。（　1　）

② PDCA サイクルとは，Plan（計画）・Do（実施）・Check（確認）・Action（処置）の４つで構成された管理サイクルである。（　2　）

③ 仕事のプロセスの維持管理には，SDCA サイクルを回す。（　3　）

④ 問題とは，「将来においてのありたい姿」と「現在の姿」との差（ギャップ）のことをいう。（　4　）

⑤ 職場における１つの問題に対しては，真の原因は必ず１つである。（　5　）

⑥ 問題解決や課題達成において，筋道を立ててまとめ，他人にわかりやすく説明するために工夫された手順のことを『QC ストーリー』という。（　6　）

⑦ 問題解決型 QC ストーリーにおいて，問題解決を急ぐ場合には，第３ステップの「要因の解析」を省略してもよい。（　7　）

⑧ 問題解決型 QC ストーリーの「効果の確認」において，目標を満足していない場合は，いったんこのテーマを終わらせ，次のテーマに進むのが良い。（　8　）

⑨ 現状を大きく改善するような活動は，課題達成型 QC ストーリーの活用が有効である。（　9　）

⑩ 課題達成型 QC ストーリーでは，現状把握を十分に行った後に，方策を立案して，成功シナリオを追究していく手順が良い。（　10　）

【問題2】 **次の文章において，（　）内に入る最も適切なものを下記選択肢から1つ選び，答えよ。ただし，各選択肢を複数回用いることはない。**

① 私たちの日常の仕事には（ 1 ）と（ 2 ）がある。（ 1 ）は，基本的に標準やマニュアルに従って仕事をする。一方（ 2 ）は，品質レベルを向上したり原価を下げたりと，仕事のやり方を良い方に改めることである。

② 品質水準を高める活動では，（ 3 ）を明確にすることが大切である。具体的な取組内容を計画し，それを実行し，その結果を確認して，必要な処置を行う（（ 4 ）を回す）ことが重要である。

【（ 1 ）～（ 4 ）の選択肢】

ア．改善目標　イ．管理のサイクル　ウ．方法
エ．改善活動　オ．管理水準　カ．維持活動

③ 工程の維持・改善活動に対するPDCAサイクルは，下記の内容である。

・P（計画）：目標の（ 5 ）を定め，目標を達成するための（ 6 ）を決める。
・D（実施）：作業者に対して（ 7 ）を行い，仕事を標準どおりに実施する。
・C（確認）：仕事が計画通りに行われてるかどうかを（ 8 ）し，その結果が目標通りか否かを確認する。
・A（処置）：目標と差異があった場合には，（ 9 ）を行い，その結果を確認する。

【（ 5 ）～（ 9 ）の選択肢】

ア．確認　イ．管理のサイクル　ウ．方法　エ．TQM
オ．品質水準　カ．教育・訓練　キ．製造物責任　ク．処置

【問題３】 **次の文章において，（　　）内に入る最も適切なものを下記選択肢から１つ選び，答えよ。ただし，各選択肢を複数回用いることはない。**

①（　１　）とは目標と現実とのギャップであり，そのギャップに対する原因を究明し，解決方法を明確にして，必要な処置を行う活動が（　２　）である。このギャップを求める時の着眼ポイントは，現在職場内で困っていることを明確にすることである。すなわち職場の方針や目標と現状とを対比させることにより，解決すべきテーマが明確になる。

②この活動で大切なことは，事実を（　３　）に公平に判断することであり，データに基づいて判断することが望ましい。また取組テーマの決定時には，緊急性・実行難易度・改善効果などの（　４　）から検討するのが良い。

【（　１　）～（　４　）の選択肢】

ア．職場活動　イ．手段　ウ．問題　エ．具体的
オ．問題解決　カ．客観的　キ．管理サイクル　ク．総合的視点

③改善活動の「目標設定」に当たっては，評価すべき項目・達成すべき目標値・（　５　）を明確にする必要がある。その中でも特に，目標値の設定は（　６　）で示すことが大切である。
※「不適合削減」といった表現でなく，「不適合０」または「不適合50％削減」などとする具体的な表現が望ましい。

④改善活動の「要因解析」に当たっては，特性に影響していると考えられる要因を抽出・整理することができる（　７　）を用いると良い。
また，特性と要因が複雑にからみ合っている場合には，要因間の関係を矢線で指示する（　８　）で整理するのが良い。

【（　５　）～（　８　）の選択肢】

ア．抽象的表現　イ．具体的数値　ウ．必要金額　エ．達成期限
オ．連関図　カ．アローダイヤグラム　キ．特性要因図

【問題４】 **改善のプロセスに関して，次の（　　）に入る最も適切なものを下記選択肢から１つ選び答えよ。ただし，各選択肢を複数回用いることはない。**

手順1．メンバー全員で，職場の問題点や会社方針をもとに意見を出し合った。そして，「加工不良の削減」を（ 1 ）に選定した。

手順2．加工不良に関して，どんな不良がどれだけ発生しているか，データを調査・分析して，（ 2 ）を行った。
次に，達成可能な（ 3 ）を行った。

手順3．不良の発生要因を，ブレーンストーミングで意見を出し合い，特性要因図を使って（ 4 ）を行い，重要要因を絞り込んだ。

手順4．重要要因に対して（ 5 ）を行い，その効果・コスト・リスクなどを勘案して実施項目を決定した。

手順5．ねばり強く最後まで，（ 6 ）を行った。

手順6　目標に対する実施結果を確認した。（ 7 ）
目標達成したので，手順3．には戻らず，手順7．に進んだ。

手順7．対策内容を標準書に反映し，また対策内容の教育・訓練の定例化を図った。（ 8 ）

手順8．活動の進め方を反省し，良かった点／悪かった点を整理して，今後の活動に生かすことにした。（ 9 ）

※なお，改善の手順としては，問題解決型と課題達成型がよく使われる。上記手順は（ 10 ）の手順と言われるものである。

【選択肢】

ア．標準化と管理の定着　イ．問題解決型　ウ．要因の解析
エ．対策案の検討　オ．現状把握　カ．課題達成型
キ．対策案の実施　ク．反省と今後の対応　ケ．目標設定
コ．効果の確認　サ．テーマ

【問題５】 **次の文章に関して，（　　）内に入る最も適切なものを下記選択肢から１つ選び，答えよ。ただし，各選択肢を複数回用いることはない。**

①ある製造工程の不適合品率が悪くなった。これを改善するためのQCストーリーは（　1　）が適切である。この活動では，（　2　）や（　3　）を行って真の原因を究明して，その原因を除去するために効果的な（　4　）を検討・実施することになる。

【（　1　）～（　4　）の選択肢】

ア．効果の確認　　イ．問題解決型　　ウ．課題達成型
エ．要因の解析　　オ．現状の把握　　カ．対策　　キ．成功

②今年の取り組み「新検査装置導入による大幅な品質向上」は，現状を大きく改善する活動が必要となる。このように，大きく改善するQCストーリーは（　5　）が適切である。手順は以下の通りとなる。

手順１　テーマの選定
手順２　（　6　）と目標の設定
手順３　（　7　）
手順４　（　8　）の追究
手順５　（　8　）の実施
手順６　効果の確認
手順７　（　9　）と管理の定着
手順８　反省と今後の対応

【（　5　）～（　9　）の選択肢】

ア．標準化　　イ．問題解決型　　ウ．原因と施策　　エ．課題達成型
オ．現状の把握　　カ．成功シナリオ　　キ．攻め所　　ク．方策の立案

解答と解説（管理の方法）

【問題１】

(1) ○　(2) ○　(3) ○　(4) ×　(5) ×
(6) ○　(7) ×　(8) ×　(9) ○　(10) ×

解説

(1) 日常の仕事は「維持活動＋改善活動」である。

(2) PDCA サイクルとは，記述の通り，P（計画）・D（実施）・C（確認）・A（処置）の４つの管理サイクルである。

(3) 維持管理は，最初に標準（S）を定めるので，「SDCA サイクルを回す」は合っている。

(4) 問題とは，「現時点でのあるべき姿」と「現在の姿」との差（ギャップ）であり，「将来においてのありたい姿」ではない。

(5) １つの問題に対する原因が複数存在する場合がある。

(6) QC ストーリーは，活動を他人に分かりやすく説明するための手順であり，本記述は正しい。

(7) 第３ステップの「要因の解析」は最も大事なステップであり，いかなる場合も省略はできない。

(8) 目標を満足していない場合は，第３ステップの「要因の解析」に戻って，活動を継続するべきである。

(9) 現状を大きく改善（現状打破）する活動では，新しい発想が必要であるため，課題達成型 QC ストーリーが有効である。

(10) 課題達成型 QC ストーリーでは，「現状把握を十分に行う」のではなく，「課題（攻め所）を明確にする」べきである。

【問題２】

解答
(1) カ　(2) エ　(3) ア　(4) イ　(5) オ
(6) ウ　(7) カ　(8) ア　(9) ク

解説

(1)(2) **維持活動**は，ルール（標準やマニュアル）に従って仕事をする。**改善活動**は，仕事にやり方の工夫が必要となる。

(3)(4) 改善活動では，**改善目標**を明確にして**管理のサイクル**を回して行う。

(5)(6) P（計画）では，目標の**品質水準**を定め，目標達成のための**方法**を決める。

(7) D（実施）では，実施前に作業者に対して**教育・訓練**を行ってから，仕事を実施する。

(8) C（確認）では，仕事が計画通りに行われて，目標が達成されたか否かを**確認**する。

(9) D（処置）では，**処置**を行い，その結果を確認する。

【問題3】

解答　(1) ウ　(2) オ　(3) カ　(4) ク　(5) エ
(6) イ　(7) キ　(8) オ

解説

(1)(2) 目標（あるべき姿）と現実とのギャップが**問題**であり，それに対して必要な改善処置を行うことを**問題解決**という。

(3)(4) 問題解決にあたっては，事実を**客観的**に公平に判断することが望ましい。また，取組テーマの決定時には，**総合的視点**から検討することが望ましい。

(5)(6) 目標設定では，評価項目・達成値・**達成期限**を明確にする必要がある。また，目標値の設定は，抽象的表現でなく，**具体的数値**で示すことが大切である。

(7)(8) 要因解析では，特性に影響している要因を抽出・整理する手法として，QC 七つ道具の**特性要因図**を用いる。また，要因が複雑にからみ合っている場合には，新 QC 七つの道具の**連関図**を用いる。

【問題4】

解答　(1) サ　(2) オ　(3) ケ　(4) ウ　(5) エ
(6) キ　(7) コ　(8) ア　(9) ク　(10) イ

解説

改善のプロセスであるから，問題解決型 QC ストーリーの手順がそのまま採用できる。

(1) 第1の手順は，**テーマ選定**である。

(2)(3) 第2の手順は，**現状把握**と**目標設定**である。

⑷ 第 3 の手順は，特性要因図などによる**要因の解析**である。

⑸ 第 4 の手順は，実施項目を決定するための**対策案の検討**である。

⑹ 第 5 の手順は，**対策案の実施**である。

⑺ 第 6 の手順は，目標達成の可否を判断する**効果の確認**である。

⑻ 第 7 の手順は，対策内容の**標準化と管理の定着**である。

⑼ 第 8 の手順は，活動に対する**反省と今後の対応**である。

⑽ 本手順は，**問題解決型**の手順である。

【問題 5】

解答 (1) イ　(2) オ　(3) エ　(4) カ　(5) エ

(6) キ　(7) ク　(8) カ　(9) ア

解説

⑴ 悪くなった品質を元に戻す改善は，**問題解決型**である。

⑵～⑷ 問題解決型 QC ストーリーの各ステップは，下図による。

⑸ 現状を大きく改善する活動は，**課題達成型**である。

⑹～⑼課題達成型 QC ストーリーの各ステップは，下図による。

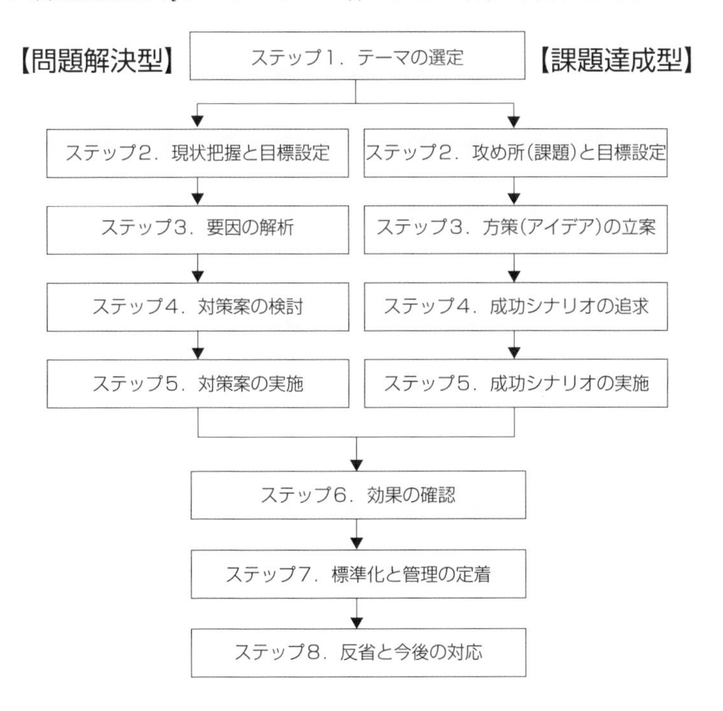

第3章　QC的ものの見方・考え方

出題頻度
★★★★☆

品質管理活動を推進していくためには，組織内のあらゆる部門の人があらゆる段階で，**「QC的ものの見方・考え方」**に基づいて，実践していくことが大切です。

1　品質第一・品質優先

品質第一とは，**品質確保を全ての業務に優先**することであり，顧客が魅力を感じる満足度の高い商品を供給し続けることです。品質優先とも言います。

品質第一と言うのは簡単ですが，**実践はなかなか難しい**ものです。工場に「品質第一」と掲げながら，実際にはコストダウンや受注活動を優先している企業が多く有ります。

※品質を良くすると，コストアップし利益が減少すると考えている人がいますが，これは誤りです。本当に良い品質のものであれば，商品は良く売れ，不良や不具合が減少し，売上げ増大と利益確保ができます。

＜品質第一の効用＞

品質確保を全ての業務に優先させることにより，**製品やサービスの品質を良くする**ことができます。それと同時に，品質コストの低減や仕事のムダ排除につながり，企業の利益確保にも大きく貢献します。

品質第一の効用
- → 手直しや廃却損失減少による**コストダウン**
- → 顧客の信頼獲得による**売り上げ増大**

2 後工程はお客様

後工程はお客様とは，**後工程をお客様と考えて仕事のできばえを後工程に保証する**ということです。

企業活動は全て，分業で成り立っています。多くの人たちが仕事を分担して，企業目的を達成していきます。したがって，最終製品が顧客に渡ったときに顧客満足を得るには，全ての工程で後工程はお客様といった考え方が重要となります。

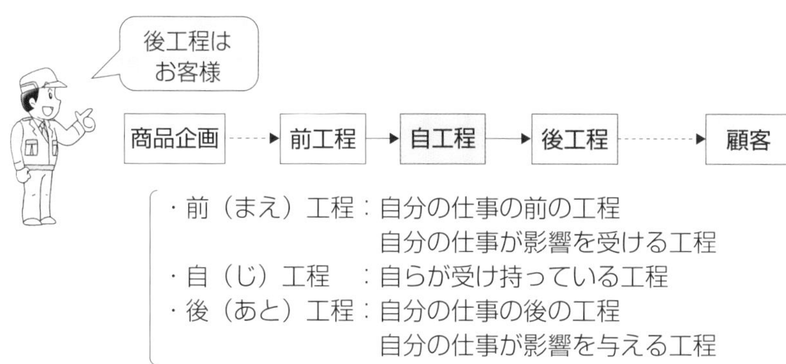

＜後工程はお客様の実践ポイント＞

① **最終目標と自工程の役割を知る**

最終目標と自工程の役割を理解し，仕事の良否判定基準を知る。

② **後工程の立場に立っての行動**

常に後工程の立場に立って考え改善する。（最終目標への協力）

③ **全ての工程との情報交換**

前工程・後工程との情報交換を密に行う。（トラブルや工程変化に対して，素早い対応や再発防止処置を行う）

＜後工程はお客様とマーケットイン＞

後工程はお客様という考え方は，**マーケットイン**の延長線上にあります。基本的考え方は，顧客ニーズを優先する**マーケットイン**に基き，企業内では**後工程はお客様**を実践することが大切です。

3 マーケットイン・プロダクトアウト

マーケットインとは，**「顧客・社会のニーズを把握し，これらを満たす製品・サービスを提供していくことを優先する」**（JSQC 定義）という考え方です。

一方，これと対立するプロダクトアウトとは，**「顧客・社会のニーズをあまり考慮せず，作る側の技術や都合を優先して製品・サービスを提供する」**という考え方です。

かつての日本では，**プロダクトアウトの考え方**が主流でしたが，近年の成熟した市場では，**マーケットインの考え方**を実践することが大切です。

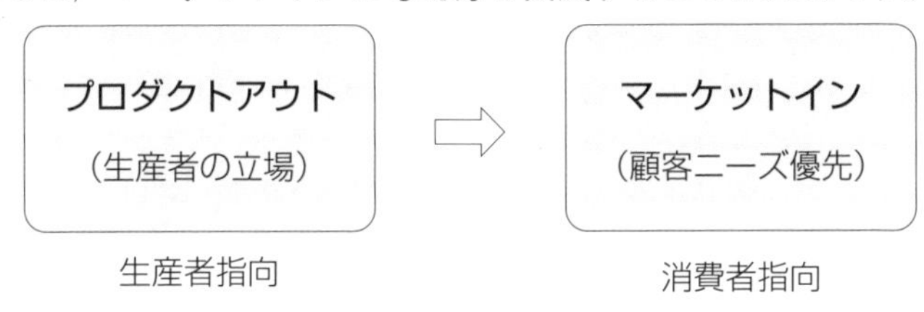

＜顧客満足の達成＞

顧客満足の達成のためには，**市場調査**（顧客情報を収集分析）して，**顧客の特定**（顧客ニーズは何か）が必要となります。顧客満足が達成されれば，売上が増大し企業利益も確保されます。

＜Win-Winの関係＞

Win-Win の関係とは，**顧客と企業の双方が満足する関係**のことをいいます。相手（顧客）の立場に立った活動により顧客満足が達成されると，顧客への売上が増え企業も潤います。**Win-Win の関係**が達成されたことになります。

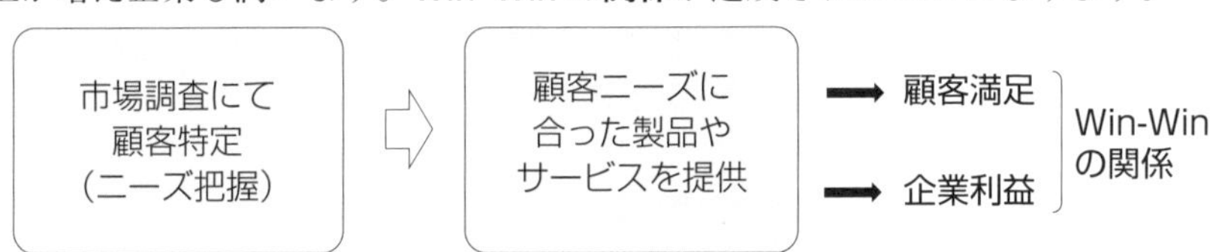

4 プロセス重視（品質は工程で作り込む）

プロセス重視とは，**プロセスを重視して品質は工程で作り込む**ことです。プロセスとは，工程・過程や仕事のやり方のことです。品質管理では，結果のみを追うのでなく，このプロセスに着目し，これを管理し，やり方を向上させることが大切です。

私達は顧客に，商品の品質が所定の水準にあることを常に保証しなければなりません。しかしながら，①厳重な検査・②不適合品の無料交換・③不具合発生時の無償修理などを行っても充分な品質を保証したことにはなりません。不適合品を作ってしまってからでは遅いのです。生産活動を行っているその中（プロセス）で，品質を作り込む必要があります。

＜検査のみによる管理＞（検査で品質を保証）

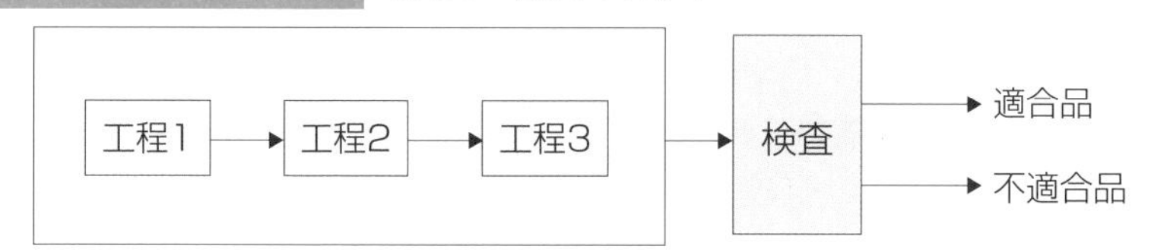

★問題点：検査で適合／不適合の判別はできても，製造する製品の品質はいつまで経っても良くならない。

＜プロセス重視による管理＞（プロセス管理で品質を保証）

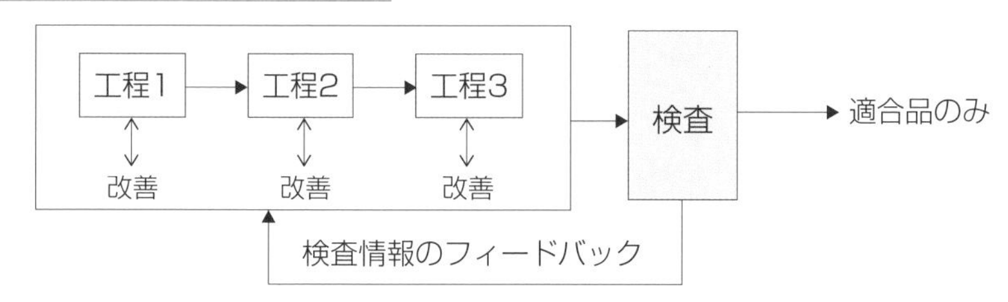

☆良い点：検査データに基づいた分析結果を前工程に反映することにより，製品の作り込み品質は良くなる。（最終的に全てが適合品）

5 応急処置・再発防止・未然防止

品質管理では，問題が発生したら**応急処置**を行い，同じ問題が発生しないように**再発防止**を行います。また，発生すると思われる問題を事前に予測し，**未然防止**を行うことも大切です。

■応急処置

応急処置とは，**「工程や製品に異常が発見された時は，とりあえず，損失を最小限に留める処置」**のことです。一時しのぎの処置です。

■再発防止

再発防止とは，**「問題の原因又は原因の影響を除去して，再発しないようにする処置」**（JIS Q 9024）です。すなわち，同じ原因での問題を二度と発生させない対策を実施することです。

■未然防止

未然防止とは，**「実施に伴って発生すると考えられる問題を，あらかじめ計画段階で洗い出し，原因を除去しておく」**ことです。一度問題が発生すると，その対応に大きな工数と費用がかかります。

＜発生段階による区分＞

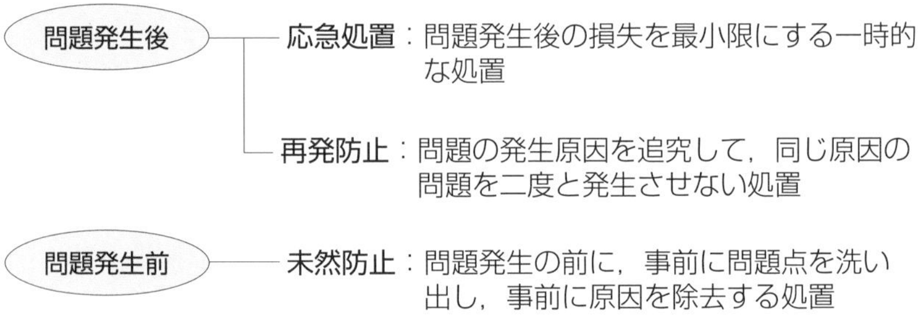

発生段階	区分	内容
問題発生後	**応急処置**	問題発生後の損失を最小限にする一時的な処置
	再発防止	問題の発生原因を追究して，同じ原因の問題を二度と発生させない処置
問題発生前	**未然防止**	問題発生の前に，事前に問題点を洗い出し，事前に原因を除去する処置

＜再発防止の３段階＞

・第１段階…**個別対策**　：個別原因に対する再発防止の実施
⇩
・第２段階…**水平展開**　：類似原因に対する再発防止の実施
⇩
・第３段階…**仕組み改善**　：根本原因に対する再発防止の実施

6 源流管理

源流管理とは，**仕事の流れの源流（上流）で，製品・サービスの品質に影響を与える要因を明らかにして源流を管理する**という考え方です。

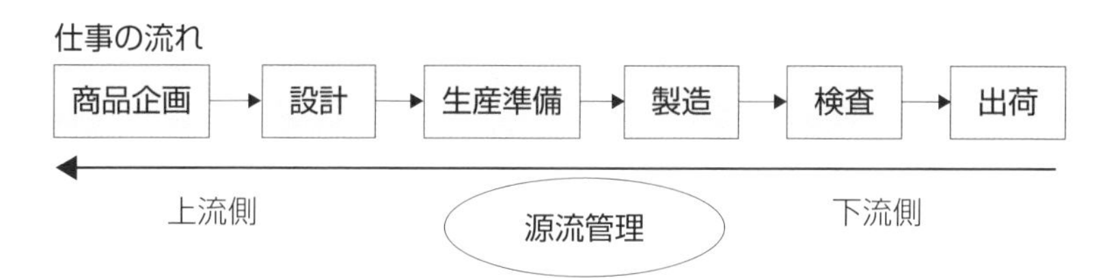

＜源流管理の効果＞

源流管理の効果は，**再発防止と未然防止**に表れます。

顧客にて不適合品が発見されたら，修理や部品交換の必要があり，大きな手間とコスト，信用も失います。

したがって，出荷前の検査または検査前の製造時（可能であれば設計時）に，適切な管理を行うことにより，顧客への不適合品の流出が防げ，損失を最小限にすることができます。すなわち，**製品やサービスを生み出す上流（源流）側での管理を強化することにより，効果的・効率的に品質を保証**することができます。

不適合品発生でコスト増・信用失墜

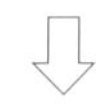

前工程を適切に管理（源流管理）により損失を最小化できる。

＜源流管理による再発防止＞

プロセスで問題が生じた場合，仕事の流れの前のプロセスで（より上流側で）の現象を追究することにより，真の原因にたどり着きやすくなります。したがって，**再発防止**を行うためには，より上流にさかのぼって原因を突き止め（**源流管理**），その原因を取り除くことが大切です。

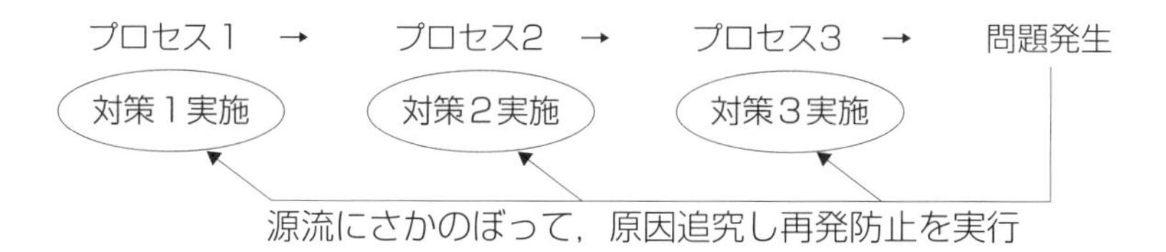

7 目的志向

目的志向とは，**何をする上でも，まず「目的は何か」を考える**ことです。目的に合っているか，目的達成に向けて適切な手段となっているか，など，常に何事も目的にかなっているかどうかを考えながら行動する，という考え方です。

目的志向 ⇨
- 目的は何か
- 目的にかなっているか
- 目的達成の適切な手段か

＜目的志向の事例＞（指示が「職場の掃除」であるとき）

- **目的志向しない場合**
  実行内容⇒ 単にホウキでゴミを掃き取るだけ
- **目的志向する場合**（何のための掃除か→作業をスムーズに行うため）
  実行内容⇒ 掃除と同時にものの整理・整頓も行うようになる

8 特性と要因，因果関係

特性とは，**そのものだけが持っている特有の性質**であり，品質評価の対象となるものを品質特性といいます。また要因とは，**仕事の結果に影響を与える可能性のあるもの**です。因果関係とは，**文字通り原因と結果の関係**のことであり、**要因**の中で，因果関係の明確になったものが**原因**です。

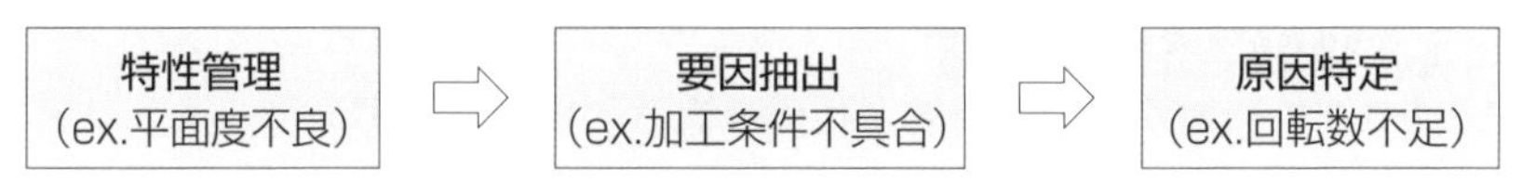

因果関係

＜因果関係把握の事例＞（特性要因図の活用例）

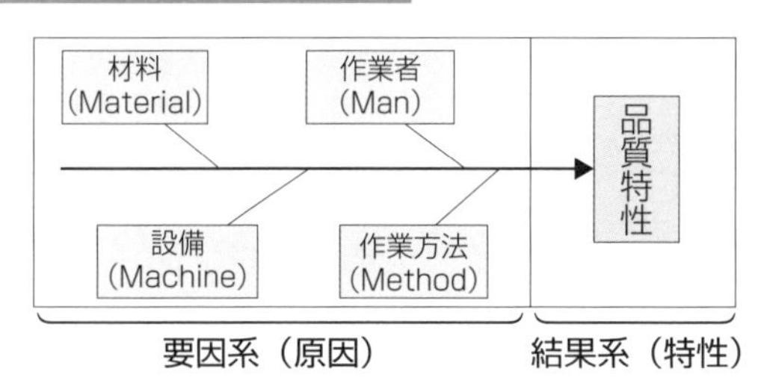

9 QCD + PSME

QCDPSMEとは，**良い生産職場としての必要な管理項目**です。職場の管理目的としては，**Q・C・Dの3つ**があります。ものづくり職場では，さらに**4つの（P・S・M・E）**を追加して，安全で安定したものづくりを目指します。

Q：**品質**（Quality）
　製品の特性，工程別の不適合品率，作業者別の不適合品発生件数など

C：**コスト**（Cost）
　部品別のコストダウン目標の達成率，職場の予算と実績の差異など

D：**納期**（Delivery）
　納期の達成状況，職場内の部品在庫の推移など

P：**生産性**（Productivity）
　一人1日当たりの生産数量，1時間当たりの生産金額など

S：**安全**（Safety）
　職場内における事故発生件数，無災害継続稼動時間，ヒヤリ・ハット件数など

M：**モラール**（Morale）
　欠勤率，個人別出勤状況，個人別改善提案件数など

E：**環境**（Environment）
　二酸化炭素（CO_2）の排出量，材料のリサイクル率，工場の緑化面積など

＜良いものづくり職場であるための管理項目＞

Q + C + D	+	P + S + M + E
（品質）（コスト）（納期）		（生産性）（安全）（モラール）（環境）

10 重点指向（選択と集中，局部最適）

重点指向とは，問題解決において**結果への影響が大きな項目（重要項目）から優先的に取り組む**という考え方です。

経営資源（人・物・金）には限りが有ります。従って改善活動においても，不具合項目全てに対策を行うのではなく，結果への影響が大きいと思われる項目に焦点を絞って，集中的に取り組んでいくことが大切です。

※同じ改善努力であっても，重点問題を解決すれば，その改善効果はより大きくなります。

＜重点指向の目的＞

限られた経営資源（人・物・金など）の中で大きな成果を上げることにあります。

※なお**問題の絞り込みには，QC 七つ道具の一つであるパレート図を活用すると便利**です。横軸に不具合項目を取り，縦軸の不具合発生件数の多い項目を重点項目として，優先的に取り組みます。

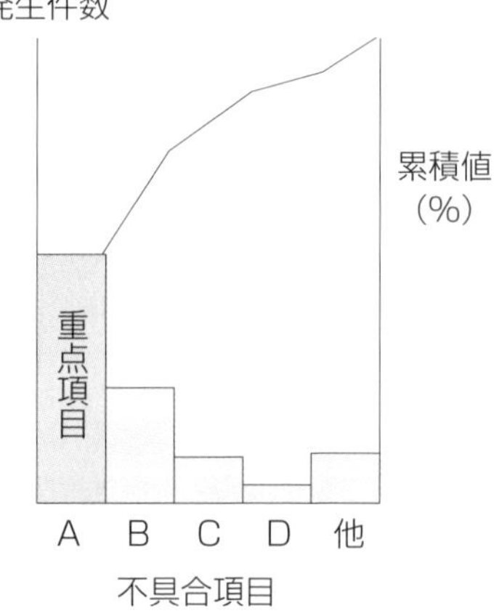

＜重点指向の取組方法＞

① **選択と集中**

限られた経営資源を効果的に活用するには，多くの問題の中から取組テーマを**選択**して，そのテーマに**集中的**に取り組むことが大切です。

② **局部最適→全体最適**

問題解決に向けては，各々の部門内での機能最適化（**局部最適**）を目指すが，関連部門を含めた**全体最適**も考慮する必要があります。

11 事実に基づく管理（三現主義）

事実に基づく管理とは，**経験や勘だけに頼らず，客観的事実を示すデータに基づいて処理や決定を行う**ことです。

品質管理では，事実に基づく管理を行うことが基本です。測定や観察結果の情報を統計的手法（QC 七つ道具など）を使って，比較・分析して管理・改善に活用します。

このときの事実のつかみ方として，**三現主義**があります。

＜三現主義とは＞

三現主義とは，問題が発生したときには，頭で考える前に直ちに**現場**へ行って，**現物**を直接確認して，**現実**（事実）を把握することです。

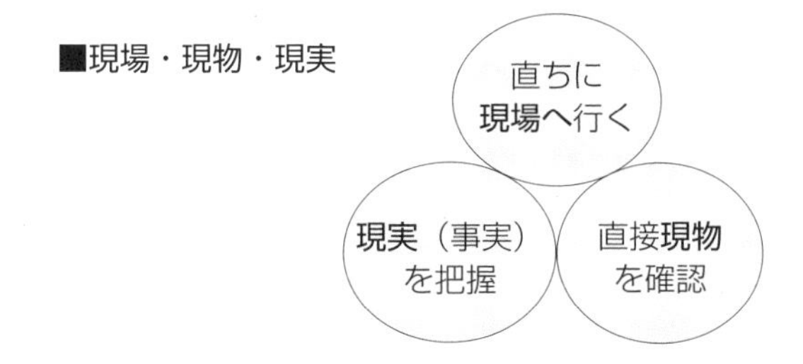

※品質管理を進める上で経験と勘も重要です。例えば不具合の要因分析において，出された要因を整理し体系化するには，深い経験が必要となります。ただし，これに頼り過ぎると片寄った考えや古い知識から抜け出られなくなります。

＜三現主義と 5 ゲン主義＞

三現主義とは，**現場・現物・現実の 3 つの現**を大切にする考え方ですが，これに「**原理**」「**原則**」の 2 つの原を加えた考え方が 5 ゲン主義です。

- **原理**：多くの物事を成り立たせる根本的な法則
- **原則**：多くの場合に当てはまる基本的な決まりごと

12 見える化

見える化とは，**問題や課題をグラフや表を使って明確にし，関係者間で共有できるようにする**ことです。

品質管理においては，正常か異常かが誰でも一目でわかるようにしておくことが大切です。**見える化により，潜在トラブルが顕在化**でき，問題が生じたとき，出来るだけ早く解決できるようになります。

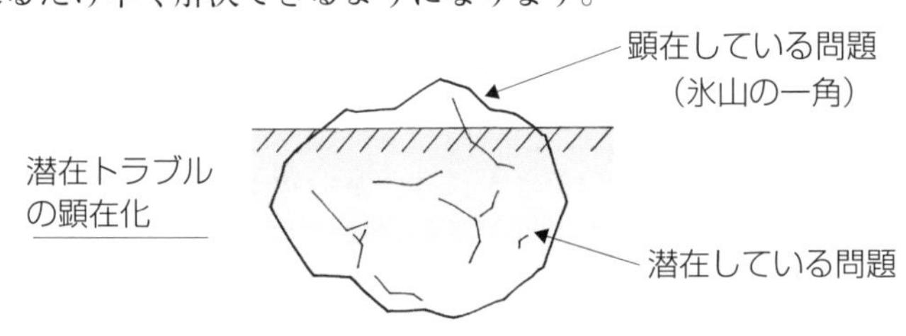

＜「見える化」の目的＞

見える化することにより，**見える化→気付き→考え→行動**となり，問題の早期発見・早期解決につながります。

＜「見える化」のポイント＞

① 管理する項目を明確にする。

② 正常／異常が誰でもすぐわかるようにする。

③ 異常発見時のアクションを明確にしておく。

＜「見える化」の事例＞

①圧力確認

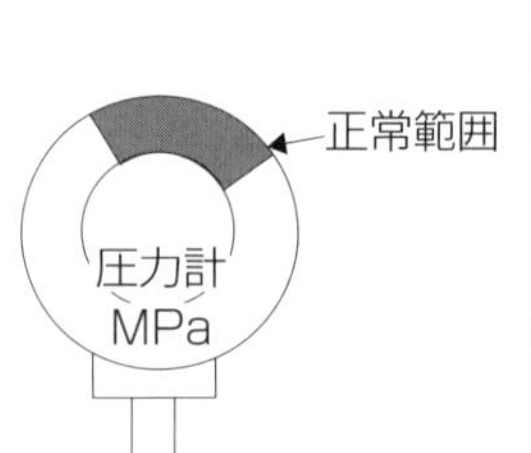

②日常点検表

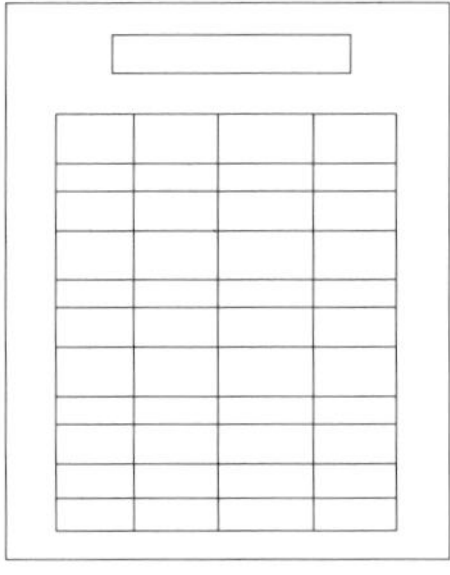

③管理図表示

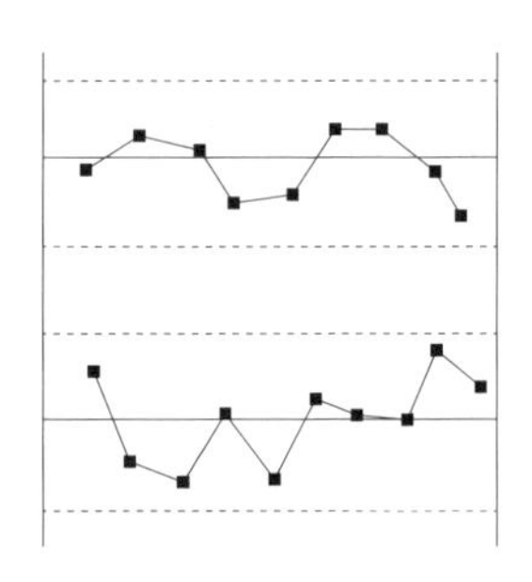

13 ばらつきの管理

ばらつきの管理とは，**データのばらつきに着目してばらつきをコントロールすることです。**

事実に基づく管理を行うには，データをとる必要があります。しかしながら，そのデータにはばらつきが有ります。このデータを整理して統計的処理を行って，品物の品質状態を判断します。

データの整理方法としては，ヒストグラム・パレート図・散布図・管理図などのQC七つ道具を使います。

データには，「**正常なばらつき（偶然原因によるもの）**」と「**異常なばらつき（異常原因によるもの）**」が有ります。データから何らかの判断をするということは，データのばらつき状態をどう評価するのかということであり，「異常なばらつき」であれば原因を追究し，対策を立てる必要があります。

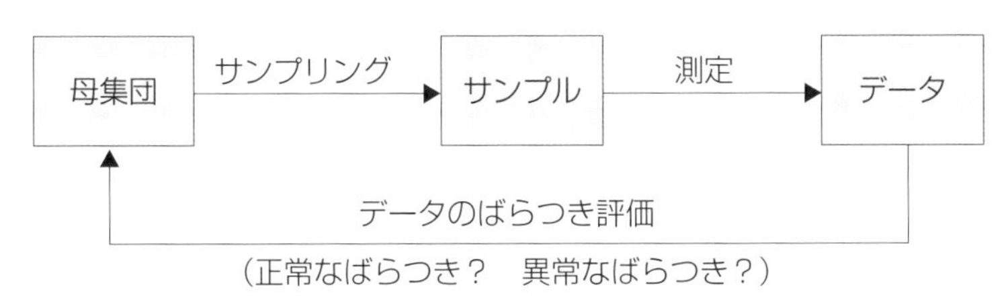

<ばらつきの管理の事例>（管理図による異常原因の判定）

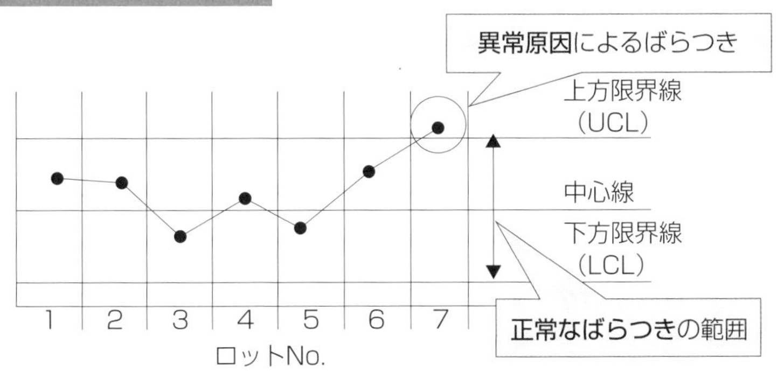

14 全部門・全員参加

全部門・全員参加とは，**全ての組織（全部門）で全ての人々が参加（全員参加）する**という意味です。品質管理では，全部門・全員参加が大切です。これにより，一人では出来ないことが達成されると共に，目標達成過程で一体感や自信を生み，強固なチームワークが発揮されます。

<全部門，全階層による全員参加>

全部門・全員参加とは，下記の① **および② の全ての人が活動に参加すること**をいいます。

① 企画部・設計部・技術部・製造部・購買部・営業部・総務部など全ての部門の人（**全部門参加**）

② トップから部長・課長・係長・主任・組長・班長・一般社員までの全ての階層の人（**全階層参加**）

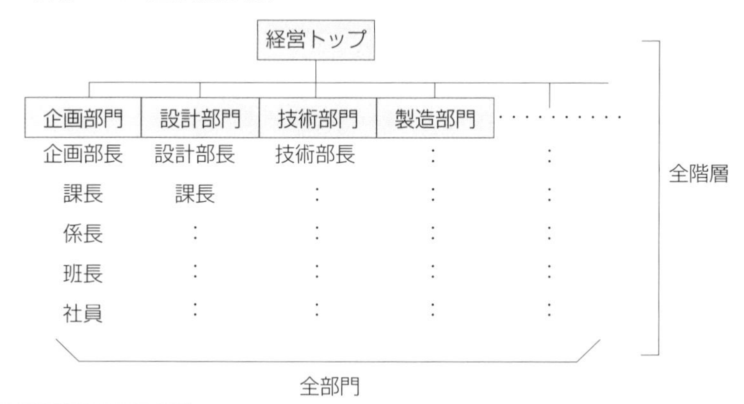

<総合的品質管理>

総合的品質管理（TQM）とは，顧客及び社会のニーズを満たす製品・サービスの提供と従業員の満足を通じた組織的な成功を目的として，**プロセスやシステムの維持向上・改善・革新を全部門・全階層の参加を得て，様々な手法を活用して行う組織的な活動**をいいます。

15 人間性尊重・従業員満足（ES）

人間性尊重とは，**人間らしさを尊び重んじ，人間としての特性が充分に発揮できるようにする**ことです。人間は感情の動物です。同じ仕事をしている人でも，その人の気持ちの持ち方によって，仕事のスピードや能率は大きく異なってきます。

活力のある職場は，**人間性が尊重され，人間の能力を最大限に引き出す**ことによって出来上がります。

<仕事に意欲が持てる条件>

(1) 仕事の目的や目標がはっきりしている。
(2) ある範囲で仕事が任されており，自分の責任で仕事ができる。
(3) 仕事の進め方について自ら考え，やってみることができる。
(4) 自分が行った仕事の成果がわかる。

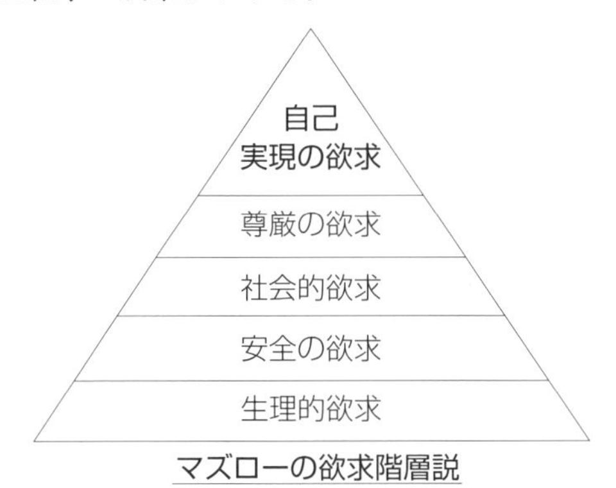

マズローの欲求階層説

マズローの欲求階層説によると，人間の最上位の欲求は**自己実現**であり，上記のような**仕事に意欲が持てる条件**を満たすことが大切です。これにより，**従業員満足も向上**します。

従業員満足（ES）とは，**顧客満足を高めるためには，まず従業員満足度を高める**ことによってのみ可能となるという考え方です。従業員満足度を高めて，一人一人が高い意欲を持って仕事に取り組めば，企業の魅力が高まり，結果として**顧客満足度も上がる**のです。

第3章のチェックポイント

(1) 品質第一とは，**品質確保を全ての業務に優先**することであり，顧客満足度の高い商品を供給し続けることである。**品質優先**ともいう。

(2) 後工程はお客様とは，**自工程の仕事が影響を与える後工程すべてを顧客**とする考え方である。

(3) マーケットインとは，**顧客や社会のニーズを把握し，これらを満たす製品・サービスの提供を優先**するという考え方である。逆に，作る側の都合を優先して売る考え方をプロダクトアウトという。

(4) プロセス重視とは，**結果に至るプロセスを重視してそのプロセスを向上**する考え方である。

(5) 応急処置とは，**問題発生時，損失を最小限に留める処置**を行うことである。問題の原因を除去して，再発させない処置を**再発防止**という。問題が発生する前に，事前に原因を除去する処置を**未然防止**という。

(6) 源流管理とは，**仕事の流れの源流にさかのぼって，その源流を管理**することをいう。

(7) 目的志向とは，**何をする上でも，まず「目的は何か」を考える**ことである。

(8) 因果関係とは，**原因と結果の関係**のことである。

(9) **良いものづくり職場を管理する項目**として，Q（品質）・C（コスト）・D（納期）・P（生産性）・S（安全）・M（モラール）・E（環境）がある。

(10) 重点指向とは，**結果への影響が大きいと思われる項目に的を絞って取り組む**という考え方である。

(11) 事実に基づく管理とは，経験や勘だけに頼らず，**客観的事実を示すデータから情報を得て，処理や決定**を行うことである。

(12) 見える化とは，問題や課題が一目でわかるように表現し，関係者間で認識の共有化ができるようにしておくことである。

(13) ばらつきの管理とは，データのばらつきに関して，許容範囲内に抑え込めるようにコントロールすることである。

(14) 全員参加とは，全ての部門の全ての階層の人々が参加することをいう。

(15) 人間性尊重とは，人間らしさを尊び，人間性が充分に発揮できるようにすることをいう。

演習問題〈QC的ものの見方・考え方〉

【問題1】　**QC的ものの見方・考え方に関する次の文章において，最も関連の深いものを下記選択肢から1つ選び，答えよ。各選択肢を複数回用いることはない。**

① 頭で考える前に現地へ行き，現物を確認し，現実を認識することが何よりも重要であるという考え方　（ 1 ）

② 市場で顧客ニーズを把握し，これらを満たす製品やサービスを開発・生産し，提供していくことが重要であるという考え方　（ 2 ）

③ 実施に伴って発生すると考えられる問題を，あらかじめ計画段階で洗い出し，それに対する対策を講じておくという考え方　（ 3 ）

④ 売上増大・原価低減・能率向上よりも品質の向上，すなわち顧客のニーズに合った製品・サービスの提供や，そのための技術の確立を最優先させる考え方　（ 4 ）

⑤ 結果のみを追うのでなく，結果を生み出す仕事のやり方や仕組みに着目し，これを管理し，向上させる考え方　（ 5 ）

⑥ 問題が発生したとき，プロセスや仕組みにおける原因を取り除き，今後二度と同じ原因で問題が起きないように対策する考え方　（ 6 ）

⑦ 生産職場には多くの改善すべき項目がある。その中で，特に重要と思われる項目に的を絞って取り組むという考え方　（ 7 ）

⑧ 工程で異常が発生したときに，取りあえずそれに伴う損失を最小限にする取り組み　（ 8 ）

【選択肢】

ア．品質第一　イ．重点指向　ウ．再発防止　エ．マーケットイン
オ．後工程はお客様　カ．プロセス重視　キ．結果重視
ク．未然防止　ケ．応急処置　コ．事実に基づく管理
サ．三現主義　シ．プロダクトアウト

【問題2】 **QC的ものの見方・考え方に関する次の文章において，最も関連の深いものを下記選択肢から1つ選び，答えよ。各選択肢を複数回用いることはない。**

① 管理された生産工程においても品質特性はばらつく。このばらつき要因を客観的なデータに基づいて判断するという考え方 （ 1 ）

② 製品を作る側の一方的な立場で作ったものを売りさばくという考え方 （ 2 ）

③ 分業化された仕事において，自工程の仕事が影響を与える工程も顧客であるとする考え方 （ 3 ）

④ 組織の全ての部門，全ての階層の構成員が，組織目標達成のための活動に積極的に参加すること （ 4 ）

⑤ 企業や組織の目標達成に向けた活動において，常に「目標は何か」「目的は何か」を考えながら活動するという考え方 （ 5 ）

⑥ 製品やサービスを生み出す仕事の流れの源流にさかのぼって，問題が発生しない対策を行い，その源流を管理すること （ 6 ）

⑦ 人間らしさを尊び重んじ，人間としての特性が充分に発揮できるようにするという考え方（ 7 ）

⑧ 品質管理において，問題（結果）発生に対して影響を及ぼしている要因（原因）を把握することが大切である。この「原因と結果の関係」のこと（ 8 ）

⑨ 品質特性のデータは，ばらつきを持っている。このばらつきを最少化する仕事のやり方や仕組みを管理すること（ 9 ）

【選択肢】

ア．全員参加　イ．源流管理　ウ．再発防止　エ．目的志向
オ．後工程はお客様　カ．プロセス重視　キ．人間性尊重
ク．ばらつきの管理　ケ．プロダクトアウト　コ．事実に基づく管理
サ．因果関係　シ．原因究明　ス．未然防止

【問題3】 **プロセス管理に関する次の文章において，正しいものには○，正しくないものには×，を答えよ。**

①「品質を工程で作り込む」とは，工程間検査で不適合品をしっかりと選別するような厳重な検査を実施することである。（ 1 ）

②「品質を工程で作り込む」ためには，部品・材料や機械などを安定した状態に保つ必要がある。（ 2 ）

③「品質は工程で作り込む」と言われるのは，出来上がった製品の品質は，検査での品質判定によって良くなることがないからである。（ 3 ）

④「品質を工程で作り込む」ためには，品質の良し悪しを左右する重要な要因を見つけて，直接管理することが大切である。（ 4 ）

⑤「品質を工程で作り込む」ためには，その工程で働くすべての人々の良いものを作ろうとする意欲が欠かせません。（ 5 ）

⑥ 品質を作り込むための工程とは，製品を製造するプロセスのことをいい，開発や設計段階でのプロセスは含まれていない。（ 6 ）

⑦ 安全第一の活動は，職場での安全を確保するための活動をいうが，この活動には，通勤時の事故防止も含まれる。（ 7 ）

⑧ 製品開発時の設計審査（DR）で，過去のトラブルや予想される故障モードに予防策を打つことも源流管理の1つである。（ 8 ）

⑨ ある製品の不適合内容を調べると，10項目の上位2項目で損失金額80%を占めることが分かった。そこで，この上位2項目に対して対策を行った。（ 9 ）

⑩ 品質改善活動では結果が大事であるので，顕在化した好ましくない現象に対して，常に対症療法的な処置を取っている。（ 10 ）

⑪ ものづくり工程においては，発生した問題に対する再発防止は重要であるが，あらかじめ処置を講じることは重要ではない。（ 11 ）

【問題 4】 **良いものづくり職場を目指して管理する項目として，（　　）内に入るもっとも適切なものを下記選択肢から 1 つ選び，答えよ。**

① 品質トラブルの発生件数や不適合発生件数など（ 1 ）

② コストダウン額の目標達成率など（ 2 ）

③ 完成日程，納期日程の厳守率など（ 3 ）

④ 一人 1 日当たりの生産数量や 1 時間当たりの生産高など（ 4 ）

⑤ 事故発生件数や無災害継続日数など（ 5 ）

⑥ 欠勤率や個人別改善提案件数など（ 6 ）

⑦ 二酸化炭素の排出量や工場の緑化面積など（ 7 ）

【（ 1 ）～（ 7 ）の選択肢】

ア．モラール　イ．作業標準　ウ．QC 工程表　エ．生産性
オ．効率性　カ．方針管理　キ．環境　ク．納期
ケ．全員参加　コ．安全　サ：原価　シ：品質

【問題 5】 **次の文章において，（　　）内に入るもっとも適切なものを下記選択肢から 1 つ選び，答えよ。各選択肢を複数回用いることはない。**

品質目標達成に向けて，顧客ニーズを満たす製品やサービスの提供を，プロセスの（ 1 ）を，（ 2 ）の参加を得て，様々な手法を駆使して行う活動を（ 3 ）という。日本では，この経営管理手法を活用している企業が多い。

【（ 1 ）～（ 3 ）の選択肢】

ア．不適合低減　イ．総合的品質管理(TQM)　ウ．総合的品質保証
エ．実行　オ．全部門・全階層　カ．顧客　キ．維持・改善・改革

【問題6】 **次の文章において，（　　　） 内に入るもっとも適切なものを下記選択肢から1つ選び，答えよ。**

① 品質管理では，（　1　）に基づく管理を重視する。経験や勘だけに頼らず（　2　）な（　1　）を示すデータを取り，そのデータを整理して，その情報をもとに工程解析や工程管理を行う。

② データを取るには，何かの目的を持って行うことが大切である。

a. 工程の条件が標準通りかを確認し，必要な調整を行う。（　3　）

b. 不適合やばらつきを減少させるには，工程のどの条件を変えたら良いかを実験し確認する。（　4　）

c. 製品・部品・材料などのロットの合格／不合格の判定を行う。（　5　）

【（　1　）～（　5　）の選択肢】

ア．工程の管理　　イ．主観的　　ウ．客観的　　エ．事実
オ．工程の解析　　カ．検査　　キ．製品設計　　ク．出荷
ケ．納期

③ 品質の基本的な考え方は，製品の開発にも有効である。設計者のひとりよがりによる製品づくりを（　6　），あるいは生産者指向という。一方，消費者やユーザーの要求をくみとる製品づくりを（　7　），あるいは消費者指向という。また，「品質は工程で作り込む」という観点により，開発のプロセスを適切に区分けし，区分ごとに（　8　）を回すことが大切である。

【（　6　）～（　8　）の選択肢】

ア．QCストーリー　　イ．マーケットイン　　ウ．マーケットアウト
エ．PDCAサイクル　　オ．統計的手法　　カ．プロダクトアウト

【問題7】 **次の文章において，（　　）内に入るもっとも適切なものを下記選択肢から1つ選び，答えよ。ただし，各選択肢を複数回用いることはない。**

① 生産される製品の品質には，同じ条件で作られても常にばらつきがある。ばらつきが大きくなりすぎると対策を取る。しかし，ある値以下のばらつきに対しては，自然のばらつきと認めている。これを（ 1 ）ばらつきといい，（ 2 ）原因によるばらつきという。
品質特性値がある値の範囲を超えてばらつくことがある。これは（ 3 ）ばらつきであり，（ 4 ）原因によるばらつきと判断される。

【（ 1 ）～（ 4 ）の選択肢】

ア．総合的な　イ．異常　ウ．やむをえない　エ．設定
オ．見逃せない　カ．偶然　キ．考えられない　ク．暫定

② 職場には多くの問題がある。一度に全ては解決できないので，重要なものから順次解決していく。これを（ 5 ）という。また問題発生時に，応急処置だけでなく，その問題を生み出している原因がどこにあるかを，仕事の源流にさかのぼって検討する。これを（ 6 ）という。

③ 問題の要因分析を進めるとき，事実を重視し，データでものをいう（ 7 ）を基本とすることが大切である。またデータはばらつきを持っているから，（ 8 ）を行う必要がある。

【（ 5 ）～（ 8 ）の選択肢】

ア．徹底管理　イ．重点指向　ウ．源流管理　エ．標準か
オ．5W1H管理　カ．ばらつきの管理　キ．事実による管理
ク．充分な管理　ケ．標準化　コ．異常

解答と解説(QC的ものの見方・考え方)

【問題1】

解答　(1)　サ　(2)　エ　(3)　ク　(4)　ア　(5)　カ
(6)　ウ　(7)　イ　(8)　ケ

解説

(1) 現場・現物・現実の3つの「現」を大切にする考え方を**三現主義**という。

(2) 顧客ニーズに合った製品・サービスを提供し続けるという考え方を**マーケットイン**という。

(3) 計画段階で問題点を洗い出し，事前に対策などを講じる考え方を**未然防止**という。

(4) 品質確保を全ての業務に優先させる考え方を**品質第一**という。

(5) 結果に至るプロセスを重視し，そのプロセスを向上させる考え方を**プロセス重視**という。

(6) 原因を追究・除去して，二度と同じ原因での問題が発生しないようにする処置を**再発防止**という。

(7) 結果への影響が大きい項目に的を絞って取り組む，という考え方を**重点指向**という。

(8) 異常発生時に，取り合えず損失を最小限にする取り組みを**応急処置**という。

【問題2】

解答　(1)　コ　(2)　ケ　(3)　オ　(4)　ア　(5)　エ
(6)　イ　(7)　キ　(8)　サ　(9)　ク

解説

(1) 客観的な事実に基づいた判断を**事実に基づく管理**という。

(2) 作る側の都合を優先して売る考え方を**プロダクトアウト**という。

(3) 自工程の仕事が影響を与える後工程すべてを顧客とする考え方を，**後工程はお客様**という。

(4) 全ての部門の全ての階層の人々が参加することを，**全員参加**という。

(5) 常に，「目標は何か」「目的は何か」を考えながら活動する考え方を**目的**

志向という。

(6) 仕事の流れの源流にさかのぼって，その源流を管理することを**源流管理**という。

(7) 人間らしさを尊び，人間性が充分に発揮できるようにすることを**人間性尊重**という。

(8) 原因（要因）と結果（問題）との関係のことを**因果関係**という。

(9) 品質特性のばらつきを最小化する取り組みを**ばらつきの管理**という。

【問題3】

解答 (1) × (2) ○ (3) ○ (4) ○ (5) ○ (6) ×
(7) ○ (8) ○ (9) ○ (10) × (11) ×

解説

(1)「厳重な検査」＝「品質を作り込むこと」では無い。「品質を工程で作り込む」とは，工程（プロセス）を解析して，品質に関わる重要要因に必要な管理を行うことである。

(2) 品質を作り込むには，生産の4M（作業者・部品・機械・方法）を安定させる必要がある。

(3) 検査は結果であり，検査だけでは品物の品質は良くならないのである。

(4) 製造工程での重要要因を見つけて，直接（該当工程管理を）管理することはとても大切である。

(5) 働く人々の強い意欲はとても大切である。

(6) 広い意味で，品質を作り込む工程として，開発段階や設計段階も含まれる。

(7) 職場の安全活動の範囲には，通勤時も含まれる。

(8) 設計審査などの設計業務は，製造や検査より上流（源流）側にあり，その管理も源流管理の一部である。

(9) 結果への影響が大きいものに活動の焦点を絞ることは，効果的であり望ましい。（重点指向）

(10) 品質改善活動では，対症療法だけでなく長期的視点に立った再発防止の実施が重要である。

(11) 発生した問題に対して再発防止だけでなく，あらかじめ処置を講じること（未然防止）も重要な取り組みである。

【問題4】

解答　(1)　シ　(2)　サ　(3)　ク　(4)　エ　(5)　コ
(6)　ア　(7)　キ

解説

(1)〜(7)良いものづくり職場を管理する項目として，Q（品質）・C（コスト）・D（納期）・P（生産性）・S（安全）・M（モラール）・E（環境）の7つがある。

【問題5】

解答　(1)　キ　(2)　オ　(3)　イ

解説

(1)〜(3)組織全体で品質目標に取り組む経営管理手法を**総合的品質管理（TQM）**という。そしてこの取り組みの中心的な考え方は，右記の通り**プロセスの維持・改善・革新，全部門・全階層の参加，多様な手法の活用**の3つの原則から成り立っている。

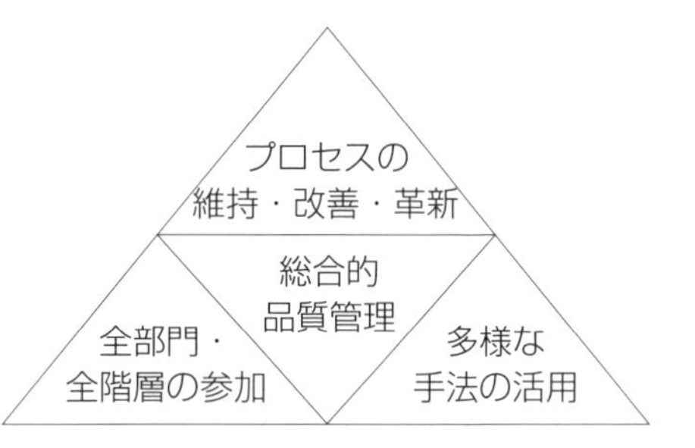

【問題6】

解答　(1)　エ　(2)　ウ　(3)　ア　(4)　オ　(5)　カ
(6)　カ　(7)　イ　(8)　エ

解説

(1)(2)品質管理では，**事実**に基づく管理を行う。**客観的事実**を示すデータから情報を得て，それに基づいて意思決定を行う。

(3)〜(5)データを取る目的としては，**工程の管理**（工程条件が標準通りであるか）・**工程の解析**（ばらつきに影響している条件は何か）・**検査**（ロットの合格／不合格の判定）がある。

(6)〜(8)設計者のひとりよがりな製品づくりを**プロダクトアウト**といい，消費者ニーズに合った製品づくりを**マーケットイン**という。また，各々の仕事を効率良く行うためには，**PDCAサイクル**を回すことが大切である。

【問題７】

解答 (1) ウ　(2) カ　(3) オ　(4) イ　(5) イ
(6) ウ　(7) キ　(8) カ

解説

(1)〜(4) データには，**やむをえないばらつき（偶然原因）**と**見逃せないばらつき（異常原因）**とが有る。

(5) 重要なものから順次取り組む考え方を**重点指向**という。

(6) 仕事の源流にさかのぼって原因究明することを**源流管理**という。

(7) 事実を重視しデータでものをいうことを**事実による管理**という。

(8) データのばらつきをうまくコントロールするために，**ばらつきの管理**を行う必要がある。

第４章　新製品開発

出題頻度
★★★☆☆

1 開発ステップでの品質保証

新製品開発において，「市場調査」から「販売・サービス」までの各ステップと，品質保証のための実施事項は下表の通りです。

[開発ステップと品質保証]

ステップ	品質保証のための実施事項
1．市場調査 製品企画	・顧客ニーズを把握し，これに基いて新しい製品を企画立案する。 ・顧客満足調査，品質表（品質機能展開※１）などの手法を活用する。
2．製品設計	・製品企画に基いて製品を具体化する。充分な設計審査 ※２（DR）を行う。 ・FMEA ※３，FTA ※４などの**信頼性技法**を活用する。
3．生産準備	・製品設計を受けて，効率的に生産するための工程を設計する。**QC 工程表（第５章参照）**を作成する。 ・材料や部品の仕入れに，**購買管理**や**外注管理**を強化する。 ・量産前には，初期流動管理※５を行う。
4．生産・検査	・**作業標準書（第５章参照）**を使って教育訓練を行う。品質を作り込むために**QC 工程表**を活用する。 ・日常の工程管理には，管理図などを活用する。
5．販売 ・サービス	・顧客を対象とした活動である。苦情処理（**本章の４ 苦情とクレーム処理 参照**）を確実に実施し，顧客の不満を解消するとともに，情報を次の商品にフィードバックする。 ・**苦情処理**では，現物処理だけでなく，苦情の**再発防止**や**未然防止**を図る。

※１：品質機能展開とは，製品やサービスへの要求品質を**二元表**（２つの項目の対応関係を表示）**を用いて，品質特性・製品仕様などに展開**するための手法です。また**品質表**は，その中の要求品質と品質特性との関係を示した二元表です。

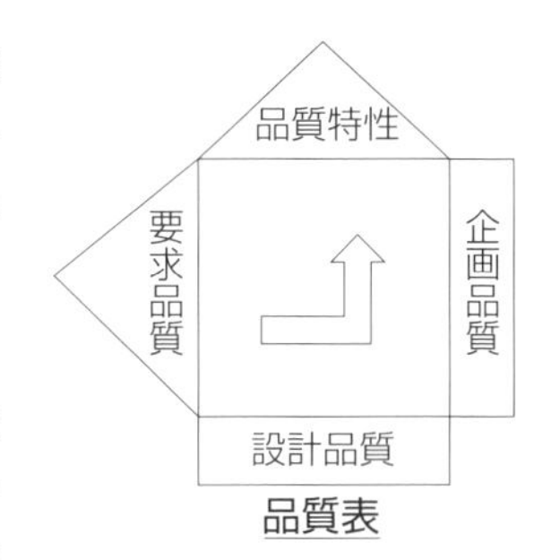

品質表

※２：設計審査（デザインレビュー）とは，設計段階で性能・機能・信頼性などを価格・納期などを考慮しながら，**設計内容について関係者が審査**することです。各部門の多くの人の意見を求め，トラブルを事前に防止することを目的としています。

※３：FMEA（故障モード影響解析）とは，システムの構成要素で起こりうる**故障モードを予測して，故障の影響度合い・推定原因・検知方法などから対策を検討**する手法のことです。設計審査（DR）においては，FMEA の適用結果も審査（レビュー）の対象となります。

[FMEA の事例]

アイテム	機能	故障モード	故障の影響	故障原因	重要性（対策前）				対策の検討		備考
					発生度	影響度	検出度	致命度	対策内容	期日／担当	
クランク軸	トルクの伝達	軸の焼付	システム停止	異物混入	Ⅲ	Ⅰ	Ⅲ	Ⅰ	・フィルター取付	7.15／設計	
									・残渣量管理	6.30／技術	
				潤滑不良	Ⅱ	Ⅰ	Ⅱ	Ⅰ	・スキマの適正化 ・油種の選定	7.31／設計	

※４：FTA（故障の木解析）とは，最初にシステム機能停止などの**好ましくない結果をトップ事象に取り上げ，その原因を順次たどっていく**手法のことです。FTA の適用結果も設計審査の対象となります。

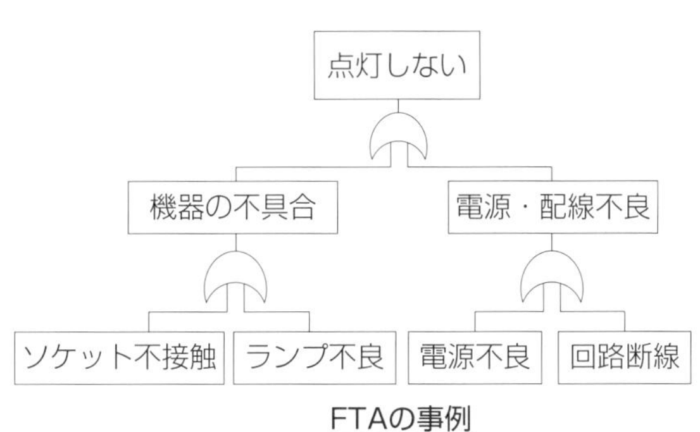

FTAの事例

※５：初期流動管理とは，**生産開始から量産までの品質保証を着実に実施していくために，量産立上げ段階で特別管理体制を取る**ことです。特別体制を取ることによって，スムーズな量産移行を図ります。

新製品開発

2 品質保証体系図

品質保証体系図とは，商品の企画・開発から，生産・販売・アフターサービスに至るまでの各業務の役割分担を，フローチャートで表わしたものです。

[品質保証体系図]

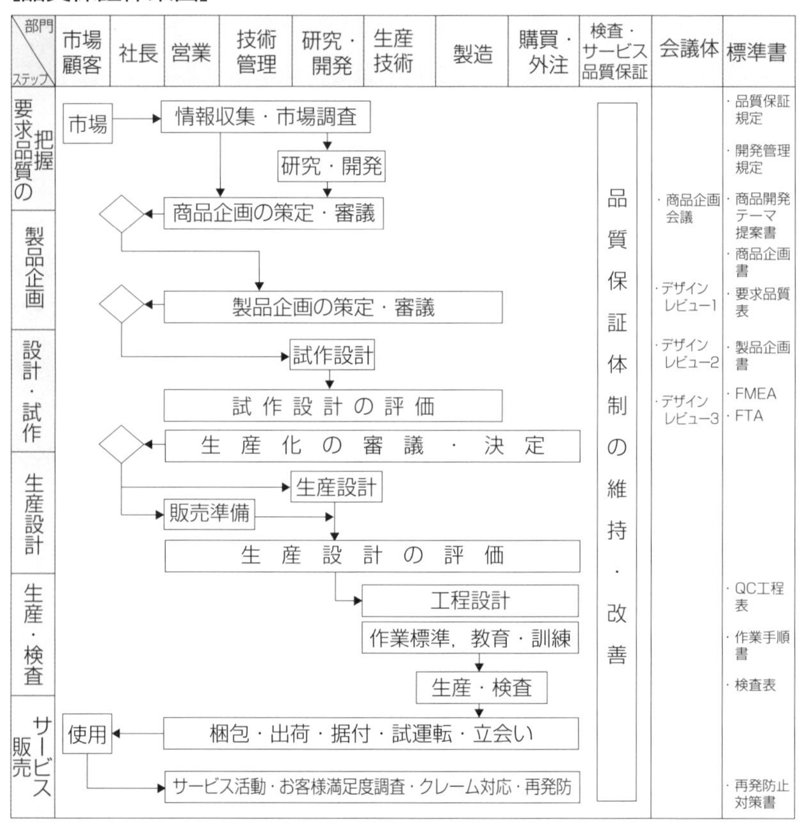

<品質保証体系図の目的>

(1) 各ステップにおける各部門の役割を知るとともに，各ステップの活動が多くの部門の協力によって運営されていることがわかる。

(2) 品質保証のしくみの不十分な点を見付け出し，改善することができる。

(3) 各プロセスの活動のつながりが効果的か，各プロセスのインプット／アウトプットが明確で，手順が適切であるかどうかが確認できる。

3 製品ライフサイクルでの品質保証

企業は，製品安全や環境影響を考慮しながら，製品ライフサイクル全体にわたって品質保証を行うことが求められています。

(1) 製品ライフサイクルでの品質保証

製品ライフサイクルとは，製品が生まれてから顧客に渡る（販売）までだけでなく，販売後の長期間の使用から製品の廃棄に至るまでの期間も含んだ期間のことです。

商品企画 → 設計 → 製造 → 販売 → 顧客での使用 → 製品廃棄

製品ライフサイクル

※1：**ライフサイクルコスト**とは
製品の生涯を対象としたコストであり，製品コスト・運用コスト・廃棄コストなどがある。

※2：**ライフサイクルアセスメント**とは
製品廃棄に至るまで環境負荷とその影響を定量的に評価すること。

(2) 製品安全・環境配慮・製造物責任

① 製品安全

製品安全とは，製品の使用段階において，危険や危害が生じることのないように，**安全に配慮した製品を提供**することをいいます。製品ライフサイクル全体の安全を追究し，**安全を確保**することが大切です。

② 環境配慮

環境配慮とは，製品やサービスが製品ライフサイクル全体に渡って，できるだけ**環境に影響を及ぼさないように配慮**することです。近年，地球環境問題への社会的関心が高まってきており，**環境配慮**した製品やサービスの提供が求められています。

③ 製造物責任

製造物責任とは，**製品の欠陥が原因で生じた人的・物的損害に対して，製造業者らが負うべき賠償責任**のことです。1995年に製造物責任法（PL法）が施行され，製造業者の賠償責任が法的に問われるようになりました。製造物の欠陥により使用者が被害を受けた場合，製造業者は過失の有無にかかわらず，損害賠償義務を負うことになりました。

4 苦情とクレーム処理

製品やサービスの苦情やクレームに対して，企業は適切な処理をすることが求められています。

(1) 苦情・クレームとは

苦情とは，「顧客及びその他の利害関係者が，製品・サービス又は組織の活動が自分のニーズに一致していないことに対して持つ**不満のうち，供給者又は供給者に影響を及ぼすことのできる第三者へ表明したもの**」（JSQC 定義）のことです。

一方，クレームとは，「**苦情のうちで特に，修理・取替え・値引き・解約・損害賠償などの具体的請求があるもの**」のことです。

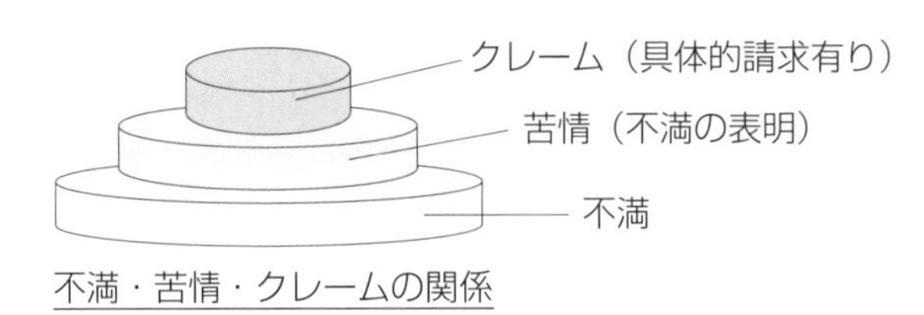

不満・苦情・クレームの関係

(2) 苦情・クレームの処理・活用

苦情やクレームの情報は，製品やサービスの提供企業にとってとても重要であり，顧客満足向上に向けて下記取り組みに生かすことが大切です。

① **顧客の不満解消**

素早い応急処置によって，使用者の不満を解消し，信頼を回復する手段となり得る。

② **再発防止対策の実施**

再発防止対策により，同一製品だけでなく，他の製品・他の顧客への波及を防止することができる。

③ **今後の新製品への適用**

苦情やクレームに関する情報を，今後の新製品・新サービスの開発に生かすことができる。

苦情処理は，顧客満足向上に大いに関係しており，迅速・適切に実施する必要があります。

第4章のチェックポイント

(1) 新製品開発ステップは下記通りである。

市場調査～製品設計～生産準備～生産・検査～販売・サービス

(2) 品質機能展開とは，製品やサービスへの要求品質を二元表を用いて，品質特性・製品仕様などに展開する手法である。

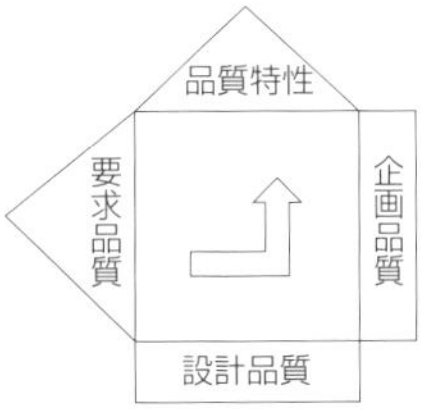

(3) 品質表とは，縦軸に要求品質展開表，横軸に品質特性展開表とした二元表のことである。

品質特性
要求品質
企画品質
設計品質
品質表

(4) 設計審査（デザインレビュー）とは，顧客からの要求が設計仕様に適切に反映できているか否かを関係者が審査することである。

(5) FMEA（故障モード影響解析）とは，故障モードを予測して，故障の度合い・推定原因・検知方法などから対策検討する手法である。

(6) FTA（故障の木解析）とは，好ましくない結果をトップ事象に取り上げ，その原因を順次たどっていく手法である。

(7) 初期流動管理とは，量産の立上げ段階で特別管理体制を取ることをいう。品質を充分確認した後に，通常の量産管理体制に入る。

(8) 品質保証体系図とは，商品の企画・開発～生産・販売・アフターサービスに至るまでの各部門の業務分担を，フローチャートで表わしたものである。

(9) 製品ライフサイクルとは，製品が生まれて顧客に至る（販売）までだけでなく，販売後の製品使用から廃棄に至るまでの期間をいう。

(10) 製品安全とは，危険や危害が生じることのないように，安全に配慮した製品を提供することをいう。

(11) 製造物責任とは，ある製品の欠陥が原因で生じた人的・物的損害に対して，製造業者らが負うべき賠償責任のことである。

(12) 1995年の製造物責任法（PL 法）により，製造業者は過失の有無にかかわらず，損害賠償の義務を負うことになった。

(13) 苦情とは，製品やサービスの欠陥に対して，顧客の不満表明をいう。クレームとは，不満だけでなく，損害賠償などの具体的請求をいう。

演習問題〈新製品開発〉

【問題１】 **次の文章において，（　　）内に入る最も適切なものを下記選択肢から１つ選び，答えよ。ただし，各選択肢を複数回用いることはない。**

① 縦軸に企画から販売・サービスに至るまでのステップをとり，横軸に品質保証に関する部門をとって，業務の流れをフロー化したものを（　1　）という。

② 新製品開発における顧客ニーズ把握のために，（　2　）を行う。得られた顧客ニーズは（　3　）に変換し，製品の設計品質・個々の部品や工程要素などに展開する。この展開手法を（　4　）という。

③ 設計段階で，設計内容を審査しトラブルを未然に防止する目的で（　5　）が行われる。そこでは，故障モードを予測して故障の影響・原因・対策などを検討する（　6　）や，好ましくない事象をトップに取り上げ，原因を順次たどっていく手法（　7　）が行われる。

④ 製品の欠陥または表示の欠陥，などで生じた人的・物的損害に対して，製造業者・販売業者が負うべき責任のことを（　8　）という。

⑤ 製品やサービスに関する消費者からの不満の表明が（　9　）である。不満の真因を把握し，タイムリーで適切な対応が求められる。

⑥ 製品の原料採取～製造・使用・処分に至るまでの，全プロセスで発生する環境負荷と影響を定量的に評価する方法を（　10　）という。

【選択肢】

ア．品質特性　　イ．市場調査　　ウ．FMEA（故障モード影響解析）
エ．FTA（故障の木解析）　オ．DR（設計審査）　カ．製造物責任（PL）
キ．苦情（クレーム）　ク．LCA（ライフサイクルアセスメント）
ケ．初期流動管理　　コ．品質機能展開　　サ．品質保証体系図

【問題 2】 **次の文章において，（　　）内に入る最も適切なものを下記選択肢から 1 つ選び，答えよ。ただし，各選択肢を複数回用いることはない。**

① 顧客の要望する製品を，生産者が企画・設計・製造・販売する活動の考え方が（　1　）である。それに対して，企業側の都合を優先して，作った物を売りさばく考え方が（　2　）である。

② 製品販売後に不具合が生じたとき，修理対応などをする活動を（　3　）という。これらの活動は，品質保証として重要であるだけでなく，顧客から得られた情報は（　4　）に対しても貴重な情報となる。

③ DR（設計審査）では，FMEA や FTA の適用結果も審査（レビュー）の対象となる。このように発生が予測される問題を，計画段階で洗い出し，対策を講じておく活動のことを（　5　）という。

④ 製品やサービスに関する消費者の不満の表明を（　6　）という。この消費者からの不満についての真意を把握して，その（　7　）をタイムリーに確認することが大切である。

⑤（　8　）とは，製品の欠陥が原因で生じた人的・物的損害に対して，製造業者らに（　9　）を求めることができる法律である。

【（　1　）～（　5　）の選択肢】

ア．アフターサービス　イ．信頼性　ウ．品質機能展開
エ．DR（設計審査）　オ．プロダクトアウト　カ．未然防止
キ．マーケットイン　ク．新製品開発

【（　6　）～（　9　）の選択肢】

ア．新製品開発　イ．社内標準化　ウ．苦情
エ．機能性　オ．妥当性　カ．損害賠償責任
キ．製品の欠陥　ク．PL 法

【問題3】 **次の文章において，（　　）内に入る最も適切なものを下記選択肢から1つ選び，答えよ。ただし，各選択肢を複数回用いることはない。**

①（　1　）は，開発過程での図面や仕様書を，関係者が各々の専門的立場で審査する。開発者だけでは漏れる内容の審査を目的としている。

②顧客に提供した後の不具合などを予測し，かつ不具合の影響度を評価して事前に対策する解析手法を（　2　）という。

③新製品の設計では，製品の生涯を対象とした（　3　）も考慮する必要がある。製品コスト・運用コスト・廃棄コストなどがある。

④信頼性や安全性における好ましくない事象をトップ事象におき，その因果関係をANDゲートやORゲートなどを使って，樹木図で表す手法が（　4　）である。

⑤（　5　）とは，製品・サービスに対する顧客や社会のニーズを実現するために，要求品質から品質特性に系統的に展開し，それらを二元表で管理するためのものである。

⑥顧客ニーズに基づいた製品企画～アフターサービスに至るまで，どの部門がどの段階でどんな活動を行うか，を表した図が（　6　）である。この図は，縦軸に（　7　）を，横軸に（　8　）を配置して，組織的で効率的な活動を表している。

【（　1　）～（　5　）の選択肢】

ア．新製品開発　　イ．FTA　　ウ．品質保証体系図
エ．デザインレビュー　　オ．品質機能展開　　カ．FMEA
キ．ライフサイクルコスト

【（　6　）～（　8　）の選択肢】

ア．問題解決　　イ．開発ステップ　　ウ．品質保証体系図
エ．課題達成　　オ．関連部門　　カ．組織的活動

解答と解説（新製品開発）

【問題 1】

 (1) サ　(2) イ　(3) ア　(4) コ　(5) オ

(6) ウ　(7) エ　(8) カ　(9) キ　(10) ク

解説

(1) 企業内における品質保証に関する役割分担を，業務のフローチャートで表したものを**品質保証体系図**という。

(2)〜(4) 顧客ニーズ把握のためには，一般的に**市場調査**を行う。そして，これを**品質特性**に変換して製品や部品仕様に展開する。この展開手法を**品質機能展開**という。

(5)〜(7) 設計段階で，トラブルの未然防止目的で**DR（設計審査）**を実施する。そして，故障モードを予測して，影響・原因・対策を検討する手法**FMEA（故障モード影響解析）**を行い，また，好ましくない事象を取り上げて，原因を順次たどる手法**FTA（故障の木解析）**を行う。

(8) 製品の欠陥または表示の欠陥などで生じた損害に対して，製造業者等が負うべき責任のことを**製造物責任（PL）**という。

(9) 製品やサービスに関する消費者の不満表明を**苦情（クレーム）**という。

(10) 製品が生まれてから使用・廃棄に至るまでの環境への影響評価を行う方法を**LCA（ライフサイクルアセスメント）**という。

【問題 2】

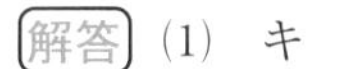

解答 (1) キ　(2) オ　(3) ア　(4) ク　(5) カ

(6) ウ　(7) オ　(8) ク　(9) カ

解説

(1)(2) 顧客ニーズに基づいて製品開発し，製造・販売する考え方が**マーケットイン**である。それに対して，企業側の都合を優先して製造・販売する考え方を**プロダクトアウト**という。

(3)(4) 販売後に修理対応等をする活動を**アフターサービス**という。そして，顧客から得られるこれらの情報は，**新製品開発**にとっても有益な情報である。

(5) 予想される問題に対して，発生する前に事前に対策を検討する。これらの活動を**未然防止**という。

(6)(7) 消費者からの不満の表明が**苦情**であり，その**妥当性**をタイムリーで適切な対応が求められる。

(8)(9) **PL法**では，製造物の欠陥により，人の生命・身体または財産に係わる被害が生じた場合に，製造業者等の**損害賠償責任**について定められている。

【問題3】

解答　(1) エ　(2) カ　(3) キ　(4) イ　(5) オ
(6) ウ　(7) イ　(8) オ

解説

(1) 設計段階で，設計のアウトプット（図面など）が顧客ニーズを満たすことにつながるかどうかを，関係者が審査することを**デザインレビュー**という。

(2) 設計段階で故障モードを予測して，その影響度・検知方法などから，リスクを取り除く手法を**FMEA**という。

(3) 顧客にとっては，購入価格だけでなく，維持費用や廃棄費用などの総コストである「**ライフサイクルコスト**」が問題となる。

(4) 製品の好ましくない結果をトップ事象として，その原因を順次下位レベルへたどっていく手法を**FTA**という。

(5) 製品やサービスの要求品質を，二元表を用いて品質特性や製品仕様などに展開する手法を**品質機能展開**という。

(6)～(8) 製品企画～アフターサービスに至るまで，品質保証に関する活動プロセス全体図は，**品質保証体系図**である。縦軸に**開発ステップ**，横軸に**関連部門**を配置して活動を表している。

第5章 プロセス管理

出題頻度
★★★★☆

1 プロセスとは

プロセスとは，資源を使ってインプットをアウトプットに変換する段階のことをいいます。

<インプット> 原材料・部品など	⇨	<プロセス（工程）> 作業者・機械・設備など を使って、生産する現場	⇨	<アウトプット> 製品

製品はいくつもの段階を経て製品になります。良い製品を生み出すためには，製造工程だけでなく，関連部門との連携も欠かせません。

(1) プロセス管理の目的

プロセス管理の目的として，次の**需要の3要素（QCD）**があります。

① Q（品質）：設計部門で狙った品質に合致した製品を作ること。

② C（コスト）：もっとも経済的な費用で作ること。

③ D（納期）：計画された数量を，計画された納期までに作ること。

(2) 生産の4要素（4M）

目的を達成するための手段として，次の**生産の4要素（4M）**があります。

① 人（Man）
② 機械・設備（Machine）
③ 原材料・部品（Material）
④ 方法・技術（Method）

※4つの経営資源を使って生産実施

(3) 作業環境の5S

作業を効率良く行うための環境として，次の**作業環境の5S**があります。

① 整理（Seiri）：要/不要を選別し，不要品を廃却すること。

② 整頓（Seiton）：必要な時に直ちに取り出せるようにすること。

③ 清掃（Seisou）：汚れのないキレイな状態にすること。

④ 清潔（Seiketsu）：整理･整頓･清掃の状態を保つこと。

⑤ しつけ（Shitsuke）：常に決められたルールを守ること。

2 プロセス管理と設計思想

(1) プロセス管理の実施手順

プロセス管理の実施手順は，一般的に次の通りです。

① 管理項目の設定

各工程で作り込むべき品質特性を具体的に明示する。

(顧客要求・設計仕様・製造条件などの観点から管理内容を決定)

② 具体的達成手段・方法の決定

目的を達成するための手段・方法（仕事のやり方）を決める。

(技術標準，QC 工程図，作業標準書などに表現)

③ 作業者の教育・訓練

作業者に対して，仕事の目的や仕事のやり方を教育・訓練する。

④ 仕事（プロセス管理）の実施

仕事（プロセス管理）を実行する。

⑤ プロセス管理の結果確認

仕事が計画や標準通りに実行されているか，意図通りの結果が得られているかを確認する。

⑥ 異常発生に対する処置

工程が安定していなかったり，異常と判断された場合には，処置を行い工程を改善する。(「応急処置」や「再発防止対策」を実施)

(2) トラブル回避の設計思想

プロセス設計時には，重大事故に至らない設計思想が必要です。

・フェールセーフ

製品やシステムに故障が発生しても，致命的な結果が生じず，安全側に停止または維持するような設計。(電車の自動停止装置)

・フールプルーフ

人が誤った操作をしようとしても，操作できない又は動作しないシステム設計。(ドアが閉まっていないとスイッチが入らない電子レンジ)

3 作業標準書

作業標準書とは，作業者が行うべき作業の内容を，手順に沿って書かれた文書であり，作業の質を安定化させ，またその工程で作り出された製品品質のばらつきを低減させます。

作業標準書では，作業の手順を示すとともに，作業を行う上での作業ポイントや使用する工具などが書かれています。

(1) 作業標準書の目的

人が交替しても，同じ方法で，常に同じ品質・コスト・納期が達成されることを目的としています。また安全で無理のない作業が実現します。

① **品質（Q）** を維持・向上させる。
② **製造原価（C）** の維持・削減を図る。
③ **納期（D）** の確保を図る
④ **安全（S）** の確保・向上を図る。

⇨ QCD ＋ S（安全）

(2) 作業標準書の作成手順

作業標準書の作成手順は，次の通りです。

① **現状作業の実態把握**
　作業能率や不良率・安全性などを細かく把握する。

② **問題点の洗い出し**
　三現主義（現地・現物・現実）により問題点を抽出し，整理する。

③ **作業の改善**
　原因と結果の関係をつかみ，管理面・検査面から作業改善する。

④ **作業の標準化**
　ポイントを絞り込んで，誰もが実行できる内容とする。

⑤ **作業標準書の作成**

図・表・写真を活用して，分かり易く・使い易い標準書を作成する。

[作業標準書の例]

<table>
<tr><td colspan="5" rowspan="2">作業標準書</td><td>承認</td><td>点検</td><td>作成</td></tr>
<tr><td></td><td></td><td></td></tr>
<tr><td>製品名</td><td>電源台組立品</td><td>工程名</td><td>組立工程</td><td>製品番号</td><td></td><td>作成日</td><td></td></tr>
<tr><td colspan="4">＜使用材料・部品＞
部品表（abc－1）による</td><td colspan="4">＜使用機器・治工具＞
プラスドライバー，専用ゲージ，ノギス</td></tr>
<tr><td colspan="4">作業手順</td><td colspan="4">主なポイント</td></tr>
<tr><td colspan="4">1.　全ての部品を準備する。</td><td colspan="4">部品表（abc－1）による
（底板×1,側板×2,前板×1,後板×1,ネジ×8本）</td></tr>
<tr><td colspan="4">2.　底板を配置する。</td><td colspan="4">配置方向を正しくする（マーク部分を手前側に配置し穴位置を合わす）</td></tr>
<tr><td colspan="4">3.　側板（2枚）を底板の溝に挿入して取り付ける。</td><td colspan="4">切欠部を下に配置し，溝の端まで押し込む</td></tr>
</table>

(3) 作業標準書の活用

① 教育を徹底する。（計画的教育の実施と，標準作業の雰囲気作り）

② 作業標準書に不適切な内容が有れば，すぐに改訂する。

③ 作業標準書を，誰にでも見易いところに配置する。

4 QC 工程図（表）

QC 工程図（表）とは，原材料や部品の供給から完成品として出荷されるまでの工程を図示し，その工程の流れに沿って，品質管理のポイント（誰が・いつ・どこで・何を・どのように管理するか）を定めたものです。

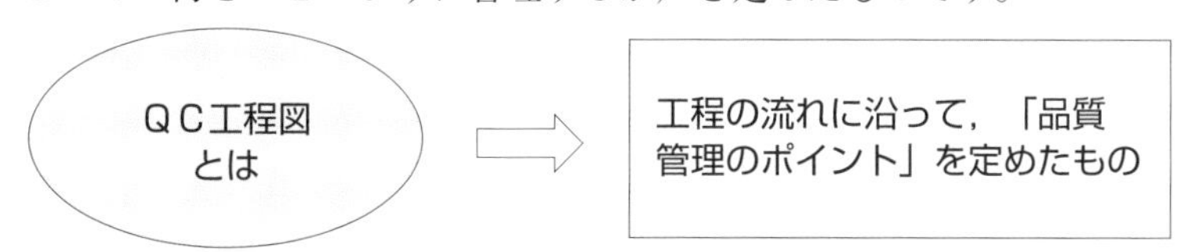

QC 工程図（表）では，製品が出来上がるまでの工程で，①製造条件をどう管理，②製造した品質結果をどう確認，が書かれています。

(1) QC工程図（表）の狙い

要因系である管理項目と結果系である品質特性を見える化することにより，品質保証をより確実にすることを目的としています。

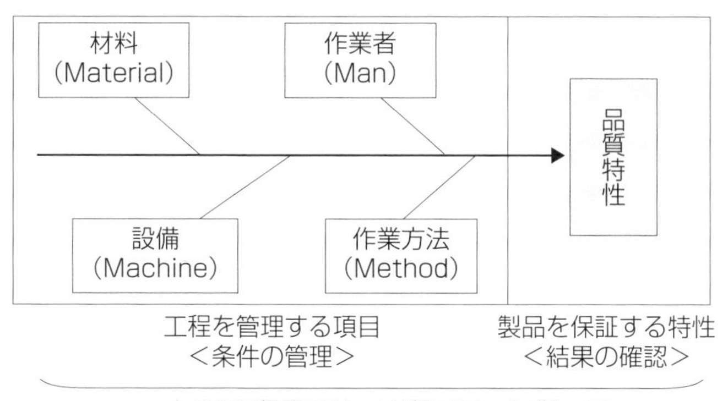

(2) QC工程図（表）の作成手順

① 対象製品・対象工程を選定する。

② 目標品質特性を明確にする。

③ その品質特性をどの工程で作り込むのかを明らかにする。
（必要に応じて特性要因図を活用する）

④ 生産条件と結果の関係をつかんだ上で，管理項目・管理方法と品質特性・検査方法を決定する。

⑤ 実際に作業を行ってみて，問題点を改善する。

[QC工程表の例]

QC工程表	製品名	ケーシング軸受	製品No.	A-3		
	図面番号	B10020-3	文書番号	QC-1801	発行部門	生産技術部

工程No.	工程図記号	工程名	設備名	製造条件				品質確認						備考
				管理項目	管理基準	サンプリング	記録	品質特性	判定基準	測定方法	サンプリング	記録	測定者	
10	◇	受入検査						外観・数量	チェックリスト（※1）	目視	全数	ー	山田	※1. チェックリストNo.19021
20	○	切削	施盤A	回転速度	3,250rpm	始業時	点検表	長さ	50±0.5	ノギス	始業時就業時	記録表	山田	
				潤滑油量	タンク上限下限内	1回／週	点検表	内径	φ15.2±0.1	ノギス	始業時就業時	記録表	山田	
				チャック圧力	1.5±0.2MPs	1回／週	点検表							

工程フロー欄　　製造条件欄　　品質確認欄

工程図記号

記号	内　容	記号	内　容
○	加工	D	滞留
◦	運搬	□	数量検査
▽	貯蔵	◇	品質検査

⑥ QC 工程図（表）を作成し，完成させる。

5 工程異常の発見と処置

工程異常とは，**標準化が行われた製造工程において，その工程がある特定の原因によって管理状態でなくなること**をいいます。

(1) 異常発生の原因追究

異常発生の原因としては，工程を構成する「**生産の4要素（4M）**」が考えられます。4Mの総点検により，異常発生の原因を突き止めます。

生産の4要素（4M）の総点検

① **作業者**が標準作業を行ったか
② **部品（材料）**が規格を外れていないか
③ **設備（機械）**が正常に稼働していたか
④ **作業方法**に問題がなかったか

(2) 異常発生時の応急処置と再発防止

工程で異常が発生した場合，まず後工程への不適合品の流出防止を図るとともに，不適合品の処置を行います（**応急処置**）。そして発生原因を究明し，再発防止対策を行った上で，製造を再開します（**再発防止**）。

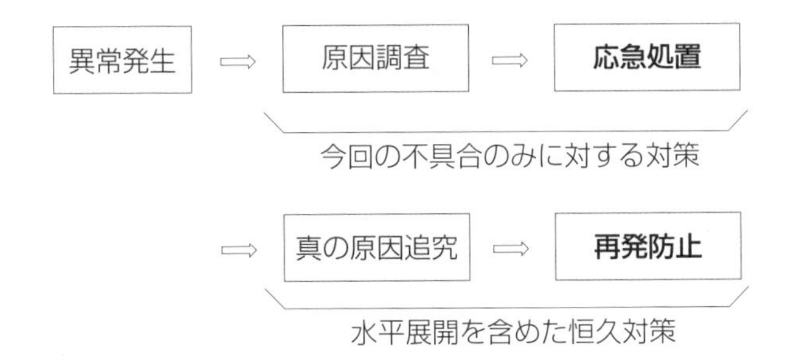

第5章のチェックポイント

（1）プロセスとは，**結果を生み出す過程（製造やサービスなどの仕事のやり方）**のことである。製品は急に製品の形になるのではなく，いくつもの加工段階を経て製品になる。これらの段階を**プロセス**という。

（2）需要の3要素として，次の3つがある。
①**Q（品質）**　②**C（コスト）**　③**D（納期）**

（3）生産の4要素（4M）として，次の4つがある。
①**人**（Man）②**機械・設備**（Machine）③**原材料・部品**（Material）
④**方法・技術**（Method）

（4）作業環境の5Sとして，次の5つがある。
①**整理**　②**整頓**　③**清掃**　④**清潔**　⑤**しつけ**

（5）フェールセーフとは，システムに**故障が発生しても，致命的な結果が生じず，安全側に停止または維持**するような設計配慮である。

（6）フールプルーフとは，**人が誤った操作をしようとしても，できない**ようにする設計配慮である。

（7）作業標準書とは，**作業者が行うべき作業の内容を，手順に沿って書かれた文書**である。下記内容が書かれている。
①作業の手順　②作業のポイント　③使用機械や工具

（8）QC工程図（表）とは，**原材料や部品の受入れから完成品として出荷されるまでの工程を図示し，品質管理のポイントを定めたもの**である。下記内容が書かれている。
①製造条件の管理ポイント　　②品質特性の確認ポイント

（9）応急処置とは，工程異常が発生したとき，原因が不明であったり直接対策ができないとき，**これ以上損失を大きくしない処置**のことである。

（10）再発防止とは，問題発生後に発生原因を究明し，**同じ原因による再発を防止する処置**のことをいう。

演習問題〈プロセス管理〉

【問題１】 **工程管理に関する次の文章において，正しいものには○，正しくないものには×を選び，答えよ。**

① 良い製品を作る基礎が工程である。よって，適合性を評価する「検査機能強化」のみにより，高い品質が確保できる。（ 1 ）

② ベテラン作業者は，初心者向けの作業標準にとらわれずに，高い成果を目指して独自の作業方法で仕事を実施すべきである。（ 2 ）

③ プロセスとは，インプットをアウトプットに変換するために経営資源を使用する一つの活動または一連の活動のことである。（ 3 ）

④「後工程はお客様」という考え方は，あくまでも社外の顧客向けであり，社内の組織には当てはまらない。（ 4 ）

⑤ 作業標準書は，ある製品（群）について，部品や材料の受入から出荷・サービスまでの一連の流れに沿って，各工程における管理項目や管理水準などを記載した文書である。（ 5 ）

⑥ 工程内で不適合品を発見した場合は，応急処置を講ずるとともに，再発防止対策を実施する必要がある。（ 6 ）

⑦ 生産の4Mとは，作業者・機械設備・材料部品・作業方法から成り立っており，消費の4要素とも言われる。（ 7 ）

⑧ 製造技術標準は，製造上の物を対象として，製造上重要な技術的事項を定めたものである。（ 8 ）

⑨ プロセス管理の3要素としてQ（品質）・C（コスト）・D（納期）がある。これは，広義の品質ということもできる。（ 9 ）

⑩ 異常発生したときの処置はとても重要である。異常と判断する基準を明確にして，あいまいな領域を極小化しておくことが大切である。（ 10 ）

【問題2】 **次の文章において，（　　）内に入る最も適切なものを下記選択肢から1つ選び，答えよ。ただし，各選択肢を複数回用いることはない。**

① プロセス重視の考え方の基本は，「品質は（　1　）で作り込む」という考えである。ここでいうプロセスとは，経営資源（生産の（　2　））を使ってインプット（原材料，部品など）をアウトプット（製品・サービスなど）に（　3　）する段階のことである。安定状態の良いプロセスを実現するためには，特性と要因の（　4　）を明らかにする工程解析を行う必要がある。

② プロセス管理の実施手順としては，1.管理項目の設定　2.作業方法の設定　3.（　5　）　4.作業の実施　5.（　6　）　6.異常発生への処置である。

【（　1　）～（　6　）の選択肢】

ア．変換	イ．プロセス保証	ウ．人材	エ．結果の確認
オ．3S	カ．4M	キ．5S	ク．工程
ケ．教育・訓練	コ．因果関係	サ．品質保証	

③ またプロセス設計時においては，重大事故に至らないような設計思想が必要である。（　7　）とは，設備故障が発生しても全体故障に至らずに，安全が維持されるような設計である。（　8　）とは，人が誤った操作をしようとしても，システムが動作しないように工夫された設計である。

【（　7　），（　8　）の選択肢】

ア．ワークプルーフ　　イ．フールプルーフ　　ウ．ヒヤリ・ハット
エ．リスクアセスメント　　オ．フェールセーフ

【問題 3】 **次の文章において，（　　）内に入る最も適切なものを下記選択肢から 1 つ選び，答えよ。ただし，各選択肢を複数回用いることはない。**

① 作業標準とは，製造作業について材料規格や部品規格で定められた材料・部品を加工して，製品規格で定められた（　1　）の製品を効率的に製造するために，製造設備・加工条件・作業方法・使用材料などを定めた製造作業の総称である。

② 作業標準を決めるときは，まず実施して最も有効と思われる作業を標準とし，その標準通りに実施しながら改善点を見付け，問題があれば迅速に（　2　）することが大切である。したがって，作業標準は常に（　3　）なものではないと考えられる。

【（　1　）～（　3　）の選択肢】

ア．作業統制　　イ．問題の発掘　　ウ．改訂　　エ．見本
オ．完璧　　カ．品質　　キ．廃却

③ 製造する人を対象に作業方法を決めた標準書を作業標準書といい，この作成に当たっては，作業のやり方を出来るだけ分かり易く，（　4　）な表現をすることが基本となる。分かり易くするための工夫として（　5　）などを使用すると効果的である。作業者によって作業のやり方が変わって，品質特性に（　6　）が生じることがあってはなりません。作業要領書は，記載された通りに作業を行えば，目的通りの製品がいつも（　7　）して作られることが基本である。

【（　4　）～（　7　）の選択肢】

ア．抽象的　　イ．割れ　　ウ．図や写真　　エ．具体的
オ．安定　　カ．品質目標　　キ．ばらつき

【問題4】　次の文章において，（　　）内に入る最も適切なものを下記選択肢から1つ選び，答えよ。ただし，各選択肢を複数回用いることはない。

① 製造工程を常に安定状態に維持・管理する方法として，（　1　）と（　2　）の活用がある。

②（　1　）は，その工程の流れに沿って品質管理のポイント（誰が・いつ・どこで・何を・どうする）を一覧で表示されたものである。表示内容としては，左側に（　3　）記号を用いた工程フローが記載され，その右側に各工程ごとに（　4　）［製造条件の管理内容］，さらにその右側に（　5　）［品質特性の点検内容］とが記載されている。

③（　2　）は，作業者が行うべき作業を，手順に沿って書かれた文書であり，作業の質を高めて，製品品質のばらつきを小さくする。（　2　）への記載内容としては，①（　6　）・②（　7　）・③（　8　）などがある。

【（　1　）～（　8　）の選択肢】

ア．工程図　　イ．作業標準書　　ウ．結果系の確認項目
エ．QC工程図　　オ．問題系の管理項目　　カ．要因系の管理項目
キ．人件費　　ク．作業のポイント　　ケ．作業の解析
コ．作業手順　　サ．使用機械や工具

④ 品質を広義にとらえると，品質・コスト・（　9　）がある。また，生産の目的を達成するための手段として，人・設備・（　10　）・（　11　）の4つがある。

【（　9　）～（　11　）の選択肢】

ア．品質改善　　イ．材料　　ウ．文書化　　エ．方法
オ．納期　　カ．不良数　　キ．再発防止

【問題5】 **次の文章において，（　）内に入る最も適切なものを下記選択肢から１つ選び，答えよ。ただし，各選択肢を複数回用いることはない。**

① 異常原因を取り除き工程を正常な状態に戻す。また，この異常工程で生産された製品が，正常品と混合しない，後工程に流さない，出荷しない，などの識別区分を行う。これらの処置を（ 1 ）という。

② 工程に異常を発生させた原因を調査し，今後同じ異常が発生しないように歯止めを行うことが（ 2 ）である。さらに同類の作業がある場合は，この処置を（ 3 ）することも必要である。

【（ 1 ）～（ 3 ）の選択肢】

ア．クレーム　イ．類似性　ウ．未然防止　エ．遵法性
オ．垂直展開　カ．応急処置　キ．水平展開　ク．再発防止

③ プロセス管理においては，品質を確保するために工程異常を確実に（ 4 ）し，異常に対して適切な処置を行うとともに，原因究明を行って再発防止を図ることが大切です。PDCA のサイクルを回してプロセスの（ 5 ）を図る。そして，個々のプロセスが（ 5 ）しているかどうかを判定するために，管理項目と（ 6 ）を明確にする。

④ このように工程管理に適切さを欠いた状態では，工数をかけてどんなに厳重な（ 7 ）を実施しても，品質の確保は困難である。この状態では，検査工数大により（ 8 ）するだけでなく，（ 9 ）が発生したり，量の確保ができなかったり等，顧客に多大な迷惑をかけることになる。

【（ 4 ）～（ 9 ）の選択肢】

ア．未然　イ．管理水準　ウ．検知　エ．コストアップ
オ．防止　カ．納期遅れ　キ．検査　ク．安定化

【問題6】 **次の文章において，（　　）内に入る最も適切なものを下記選択肢から1つ選び，答えよ。ただし，各選択肢を複数回用いることはない。**

① A社では，市場不良の発生を減らすために，プロジェクトチームを結成した。最初に着手したのは，市場不良内容の（　1　）である。

② 次に，それらを個別に関連する発生原因についての調査を行った。最初に（　2　）を再確認し，どのプロセスに問題があったのかをチェックした。次に（　3　）を確認して手順・内容に問題がないかを調査した。その後，実際に製造現場へ行き，（　4　）による事実に基づく管理ができているかどうかを確認した。

【（　1　）～（　4　）の選択肢】

ア．分離　　イ．QC工程表　　ウ．設計　　エ．層別
オ．作業手順書　　カ．三現主義

③ 工程において異常が発生したとき，まず異常品の生産停止や出荷停止を行うことが大切である。この活動を（　5　）という。その後，（　6　）を究明して同じような異常が発生しない取り組みを行う。この活動を（　7　）という。

④ 工程で発生すると考えられる問題を事前に予測し，そのための対策を講じておくことも大切である。この活動を（　8　）という。

【（　5　）～（　8　）の選択肢】

ア．抽象性　　イ．再発防止　　ウ．根本原因　　エ．未然防止
オ．管理改善　　カ．応急処置　　キ．事前防止　　ク．具体性

解答と解説（プロセス管理）

【問題 1】

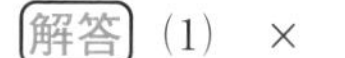
解答　(1)　×　(2)　×　(3)　○　(4)　×　(5)　×
(6)　○　(7)　×　(8)　○　(9)　○　(10)　○

解説

(1) 良い製品を作り出すためには，製品の規格・設計・製造・検査などの各工程が全てしっかりと機能している必要がある。「検査機能の強化」だけで高い品質が確保できるものではない。

(2) ものづくり現場においては，人が代わっても，常に同じ品質・コスト・納期を達成するために，同じ作業方法で行うことが大切である。

(3) 製品は，いくつかの段階を経て製品になる。これらの段階を「プロセス（工程）」と呼ぶ。

(4)「後工程はお客様」の考え方は，社外顧客との関係だけでなく，企業内組織間においても，同様の考え方で仕事を進める必要がある。

(5) 本記述はQC工程表について書かれた内容であり，作業標準書とは異なる。

(6) トラブル発生時は，応急処置を講ずるだけでなく，再発防止を講じる必要がある。

(7) 本記述内容は生産の4要素であり，「消費の4要素」ではない。

(8) 本記述内容は正しい。この技術標準を使って，新人作業者への教育やノウハウ伝達を行う。

(9) Q（品質）・C（コスト）・D（納期）を**広義の品質**といい，Q（品質）だけを指す場合を**狭義の品質**という。

(10) 本記述内容は正しい。

【問題 2】

解答　(1)　ク　(2)　カ　(3)　ア　(4)　コ　(5)　ケ
(6)　エ　(7)　オ　(8)　イ

解説

(1) プロセス重視の基本的考えは，**品質は工程で作り込む**ということである。

(2) 経営資源（人・物・設備・方法）のことを**生産の4M**という。
(3) プロセスとは，インプット（原材料，部品など）をアウトプット（製品・サービスなど）に**変換する段階**のことである。
(4) 良いプロセスを実現するには，工程解析（特性と要因の**因果関係**の明確化）を行う必要がある。
(5)(6) プロセス管理の実施手順は，１．管理項目の設定　２．作業方法の設定　３．**教育・訓練**　４．作業の実施　５．**結果の確認**　６．異常発生への処置である。
(7) 設備故障が発生しても全体故障に至らないような安全設計思想を**フェールセーフ**という。
(8) 人が誤った操作をしても，システムが動作しないような設計思想を**フールプルーフ**という。

【問題３】

解答　(1)　カ　(2)　ウ　(3)　オ　(4)　エ　(5)　ウ
(6)　キ　(7)　オ

解説

(1) 作業標準の目的は，定められた材料や部品を加工して，製品規格で定められた**品質**の製品を効率的に製造することである。
(2) 作業標準の決定方法について，まず有効と思われる作業を標準として実施しながら，問題があれば迅速に**改訂**することが大切である。
(3) したがって，作業標準は常に**完璧**なものでないと考えられる。
(4) 作業標準書は，作業のやり方を出来るだけ分かり易く，**具体的**な表現をすることが基本である。
(5) 分かり易くするための工夫として，**図や写真**などを使用して視覚に訴えることも効果的である。
(6) 作業者によって作業のやり方が変わって，品質特性に**ばらつき**が生じることは避けなければなりません。
(7) 作業要領書は，標準通りに作業を行えば，目的通りの製品がいつも**安定**して作られる。

【問題４】

解答　(1)　エ　(2)　イ　(3)　ア　(4)　カ　(5)　ウ　(6)　コ

(7) ク　(8) サ　(9) オ　(10) イ　(11) エ

((6)(7)(8)の解答は順不同，(10)(11)の解答は順不同)

解説

(1)(2) 製造工程を安定状態に維持・管理する方法として，**QC 工程図**と**作業標準書**がある。

(3) QC 工程図では，左端に**工程図記号**を用いた工程フローが記載されている。

(4) その右側に，各工程ごとに**要因系の管理項目**［製造条件の管理］が記載されている。

(5) さらにその右側に，**結果系の確認項目**［品質特性の点検］とが記載されている。

(6)～(8) 作業標準書への記載内容としては，**作業手順・作業のポイント・使用機械や工具**がある。

(9) 広義には，品質とは「製品が顧客要望を満たす程度」である。したがって，需要の 3 要素である品質・コスト・**納期**はとても重要である。

(10)(11) 生産目的を達成する手段として，人・設備・**材料・方法**（生産の 4 要素）がある。

【問題 5】

解答 (1) カ　(2) ク　(3) キ　(4) ウ　(5) ク

(6) イ　(7) キ　(8) エ　(9) カ

解説

(1) 工程や製品に異常が発見された時，取り合えず，損失を最小限に留める処置を行う。これを**応急処置**という。

(2) そして，異常発生の原因を調査して同じ異常が発生しない歯止めを行うことを**再発防止**という。

(3) 同類の作業がある場合には，**水平展開**をして同様の歯止めを行うことも大切である。

(4) プロセス管理においては，まず，品質を確保するために異常を確実に**検知**することが大切である。

(5) そして異常の再発防止を行った上で，プロセスの**安定化**を図ることが大切である。

(6) 各プロセスの安定を判定するためには，管理項目と**管理水準**を明確にする必要がある。。

(7)〜(9) 工程管理が不十分であると，どんなに厳重な**検査**を実施しても，品質（Q）の確保が困難になる。さらには，**コストアップ**（C）して**納期遅れ**（D）となりやすい。

【問題6】

 (1)　エ　(2)　イ　(3)　オ　(4)　カ　(5)　カ
(6)　ウ　(7)　イ　(8)　エ

解説

(1)不良対策を行うに当たって最初の活動は，不良内容をデータの性質や履歴などで**層別**することである。

(2) 次に **QC 工程表**で，どの工程に問題があったかをチェックする。

(3) さらには**作業手順書**で，作業手順・内容に問題がないかを確認する。

(4) その後に**三現主義**にのっとって事実に基づく管理を確認する。

(5) 異常発生時に，とりあえずそれに伴う損失をこれ以上大きくしないようにとられる処置を**応急処置**という。

(6)(7) そして，その**根本原因**を突き止めて，二度と同じ原因の問題が起きないように対策を取ることを**再発防止**という。

(8) それに対して，実施に伴って発生すると考えられる問題を，あらかじめ計画段階で洗い出し対策を講じておくことを**未然防止**という。

第6章 検査と測定

出題頻度
★★☆☆☆

1 検査の目的と意義

検査の目的は，品物を何らかの方法で測定や試験をし，その結果を期待される要求事項（品質判定基準）と比較して，**適合/不適合または合格／不合格の判定をすること**です。

(1) 判定の対象

検査の判定対象には，個々の製品とロット製品とが有ります。

[対　象]		[判　定]
・個々の製品	──→	適合／不適合
・ロット製品	──→	合格／不合格

(2) 検査の役割

① 不適合品を**後工程（お客様を含む）に送らない**ようにすること。
② 検査部門の情報をできるだけ早く**製造部門へフィードバック**すること。

2 検査の分類①（実施段階による）

検査にはいくつかの種類があり，実施段階により次のように分類されます。

(1) 受入検査〔購入検査〕

受入検査とは，**提供された検査品を受け入れて良いか否かを判定**するための検査です。（外部から購入した物に対する検査を**購入検査**という）

(2) 工程内検査〔中間検査〕

工程内検査とは，**場内における半製品を次の工程へ移して良いか否かを判定**するための検査です。（**中間検査**ともいう）

※作業者が自ら行う場合と，検査部門が行う場合とがある。

(3) 最終検査〔出荷検査〕

最終検査とは，**でき上がった製品が要求事項を満たしているか否かを判定**するための検査です。（出荷前の検査を**出荷検査**という）

3 検査の分類②（方法による）

検査の実施方法により分類すると，全数検査・抜取検査・無試験検査・間接検査があります。

(1) 全数検査

全数検査とは，**ロット内のすべての品物を検査する方式**です。

[全数検査の利点／難点]

・利点：全数の品質保証ができる。

・難点：多大な費用と工数が発生する。

[適用対象]

① 重要な品物

② 高価な品物

(2) 抜取検査

抜取検査とは，**ロットから抜き取ったサンプルを測定し，測定結果を判定基準と比較して，ロットの合格・不合格を決める検査**です。

[適用対象]

① 破壊試験が必要で，全数検査が出来ない品物

② ある程度の不適合品の混入が許容される品物

(3) 無試験検査・間接検査

無試験検査とは，**品質情報・技術情報などから製品の試験を省略する検査**です。不適合品がなく，後工程に迷惑をかけないと判断できる場合に採用されます。

一方，間接検査とは，受入検査で，**供給者が行った結果を確認して受入検査を省略する検査**です。書類のみの審査が行われます。

[適用対象]

① 継続的な購入品で，過去の品質に実績のある品物

② 継続的な生産品で，過去の品質に実績のある品物

4 検査の分類③（性質による）

検査の性質により分類すると，破壊検査・非破壊検査があります。

(1) 破壊検査

破壊検査とは，製品を破壊したり，製品機能が低下するような方法で行う検査です。強度試験・劣化試験・寿命試験などがあります。全数検査には適用できません。

(2) 非破壊検査

非破壊検査とは，**製品を破壊せず（機能低下もないよう）に行う検査**です。抜取検査など幅広く適用できる検査方法です。

5 官能検査，感性品質

官能検査とは，**人間の感覚（視覚，聴覚，触覚，味覚，嗅覚など）による官能評価**のことを言います。この官能評価は，測定機器を利用した試験と比べ，誤差が生じ易い点に注意が必要です。

官能検査の実施に当たっては，検査条件をうまくコントロールして，適切な方法で実施する必要があります。たとえば，温度や湿度，照明・騒音などの検査環境を整えたり，限度見本を準備したりすることです。

そして感性品質とは，この**人間の感覚を使った検査（官能検査）で評価された品質**のことをいいます。大きさや重量・電気消費量などの計測可能な評価だけでなく，感性的な顧客満足度を向上させていくことも重要になってきています。

6 測定の基本と管理

測定とは，**「ある量を基準として用いる量と比較し数値又は符号を用いて表すこと。」**（JIS Z 8103）です。一方，計測とは，**「特定の目的をもって，事物を量的にとらえるための方法・手段を考究し，実施し，その結果を用い所期の目的を達成させること。」**（JIS Z 8103）と定義されています。

この測定や計測を適切に行うためには，計測器に対する管理が重要になります。定期的な計測器の点検により，機器の精度を維持する必要があります。

(1) 計測器

計測器とは，**計器，測定器，標準器などの総称**です。

※備考：計器，測定器など個々のものを計測器という場合は，それが計測器に含まれるという意味で用いる。

(2) 校正

校正とは，**標準器などを用いて測定器が表示する値と真の値との関係を求めること**です。標準器による校正を受けることで，測定機器の信頼性が確保できます。

※備考：校正には，計器調整による誤差の修正は含みません。

(3) 標準器

標準器とは，**ある基準となる長さや重さなどの量を具体的な物で表したもの**です。測定機器の校正などに使用します。

※備考：標準器には標準ブロックゲージ・標準分銅・標準抵抗器（Ω）などがある。

(4) 標準物質

標準物質とは，**成分分析などを行うときに用いる基準となる物質のこと**です。分析機器の校正などに使用します。

※備考：標準物質には，pH 標準液・粘度標準液などがある。

7 誤差について

母集団から何度もサンプリング（抽出）を繰り返した場合，そのたびにサンプル（標本）が異なり，測定結果にばらつきが生じます（**サンプリング誤差**）。また仮に，同じサンプルを繰り返し測定した場合でも，測定ごとにデータが異なり，ばらつきが生じます（**測定誤差**）。

測定値＝真の値＋誤差（サンプリング誤差＋測定誤差）

(1) サンプリング誤差

サンプリング誤差とは，**抜き取ったサンプルによって生じる誤差**のことです。サンプル間に誤差が生じにくいサンプリング方法が必要となります。

(2) 測定誤差

測定誤差とは，**実際の測定値と真の値との差（誤差）**のことです。測定機器による誤差，測定者による誤差，測定環境（温度など）による誤差などがあります。

8 測定誤差の尺度

同じサンプルを繰り返し測定した場合の，そのたびに生じる誤差の尺度として，次のものがあります。

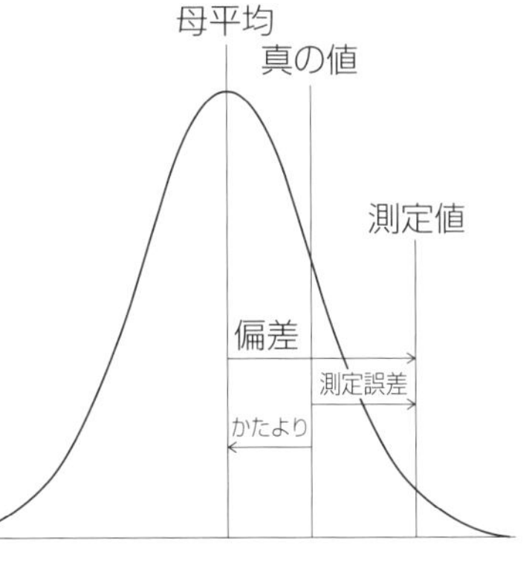

(1) かたより

かたよりとは，「**測定値の母平均－真の値**」のことです。

(2) 偏差

偏差とは，「**測定値－測定値の母平均**」のことです。

(3) ばらつき

ばらつきとは，**測定値の大きさがそろっていないこと**，また**不揃いの程度**のことです。

- ・正確さとは：**かたよりの小さい程度**
- ・精密さとは：**ばらつきの小さい程度**
- ・精度とは：**真の値との一致の度合い**（正確さ及び精密さ）

第6章のチェックポイント

(1) 検査の対象による判定として，個々の製品に対する場合とロット製品に対する場合とがある。

［検査対象］　　　　［判　定］

・個々の製品 ──→　**適合／不適合**

・ロット製品 ──→　**合格／不合格**

(2) 検査を実施段階で分類すると，下記通りとなる。

① **受入検査**　② **工程内検査**　③ **最終検査**

(3) 検査を検査方法で分類すると，下記通りとなる。

① **全数検査**　② **抜取検査**　③ **無試験検査・間接検査**

(4) 検査を検査の性質で分類すると，下記通りとなる。

① **破壊検査**　② **非破壊検査**

(5) 官能検査とは，**人間の五感（視覚，聴覚，触覚，味覚，嗅覚）**による検査のことをいう。

(6) 感性品質とは，**感性を使った検査（官能検査）**で評価された品質のことをいう。

(7) 測定とは，**ある量を基準として用いる量と比較し，数値または符号で表す**ことをいう。

(8) 計測とは，**特定の目的をもって，物を量的にとらえる方法・手段を考えて実施し，その結果により所期目的を達成**させることをいう。

(9) 校正とは，**計器又は測定系の示す値と，標準によって実現される値との間の関係を確定**することをいう。

(10) サンプリング誤差とは，**サンプリングを行うことによる誤差**である。母集団からサンプリングを繰り返した場合，そのたびにサンプルは異なり，データも異なってくる。

(11) 測定誤差とは，**測定値と真の値との差**のことである。同じサンプルの測定を繰り返した場合，測定ごとにデータが異なりばらつきが生じる。

(12) かたよりとは，**測定における母平均と真の値との差**をいう。

(13) ばらつきとは，**繰り返し測定したときのデータの不揃いの程度**をいう。

演習問題〈検査と測定〉

【問題 1】 **検査に関する次の文章において，正しいものには○，正しくないものには×を選び，答えよ。**

① 検査を方法で分類すると，全数検査と抜取検査の 2 種類がある。(1)

② 人の持っている味覚・嗅覚・聴覚・視覚・触覚などの感覚を使用して，品質を検査することを官能検査という。(2)

③ 検査のやり方は，検査規格等で標準化しておく必要があり，制定した方法は，データの継続性から変えるべきではない。(3)

④ 目視検査では，検査員の視覚を一種の計測装置として使用するが，個人的な基準で判定してはならない。(4)

⑤ サンプリングが正しく行われていれば，サンプル中の不適合品率とロット全体の不適合品率とは，必ず一致する。(5)

⑥ 破壊検査は，製品を破壊したり製品機能が低下したりするので，全数検査には適用できない。(6)

⑦ ロットの判定を寸法・重量等の特性値データからの平均値や標準偏差などの統計量で行う検査を計数抜取検査という。(7)

⑧ 検査で不適合品を発見した場合は，適合品との混入・後工程への流出を防止するために，札の取付けやマーカー塗布等により識別する必要がある。(8)

⑨ 受入検査・購入検査では，品物の供給側での検査結果の確認により，受入側の検査を省略する検査を抜取検査という。(9)

⑩ 検査とは，ある量と基準として用いる量とを比較した結果を，数値または符号を用いて表すことである。(10)

【問題2】 **次の文章において，（　　）内に入る最も適切なものを下記選択肢から1つ選び，答えよ。ただし，各選択肢を複数回用いることはない。**

① 私達が判断したい対象すべてを含んでいる集団を（　1　）という。この（　1　）からサンプルを抽出する行為を（　2　）という。またこの抽出行為によって生じる誤差を（　3　）といい，測定によって生じる誤差を（　4　）という。

【（　1　）～（　4　）の選択肢】

ア．予測誤差　イ．サンプリング　ウ．偶然誤差　エ．測定誤差
オ．サンプリング誤差　カ．母集団（ロット）　キ．全体物

② 検査とは，「品物を何らかの方法で検査した結果を，品質判定基準と比較して，個々の品物の（　5　）の判定を行い，またロット判定基準と比較してロットの（　6　）を判定する。

【（　5　），（　6　）の選択肢】

ア．不良品　イ．合格・不合格　ウ．適合・不適合
エ．不適合品　オ．良品・不良品

③ 検査には，種々な分類方法がある。検査を（　7　）で分類すると，受入検査・購入検査・工程内検査・最終検査・出荷検査があり，（　8　）で分類すると，全数検査・抜取検査・無試験検査・間接検査がある。また，（　9　）で分類すると破壊検査・非破壊検査があり，検査によって価値が失われず次工程に流すことが出来るのは，（　10　）である。

【（　7　）～（　10　）の選択肢】

ア．検査方法　イ．実施段階　ウ．顧客別　エ．検査の性質
オ．破壊検査　カ．非破壊検査　キ．一部検査

【問題3】 **次の文章において，（　）内に入る最も適切なものを下記選択肢から1つ選び，答えよ。ただし，各選択肢を複数回用いることはない。**

①（ 1 ）は，ロット内の全てを対象に行う検査であり，（ 2 ）は，サンプルを抜き取って行う検査である。また，（ 3 ）は品質情報や技術情報を活用してサンプルの試験を省略する検査であり，（ 4 ）は受入検査で，供給側の検査成績の確認により，受入側の試験を省略する検査である。

【（ 1 ）～（ 4 ）の選択肢】

ア．受入検査　イ．間接検査　ウ．全数検査　エ．無試験検査
オ．直接検査　カ．出荷検査　キ．抜取検査

②（ 5 ）とは「ある量を基準と比較し，数値または符号で表すこと」であり，（ 6 ）とは「特定の目的を達成するために，物を量的にとらえること」である。また，（ 7 ）とは，「標準器を用いて測定機器が表示する値と真の値との関係を求めることである。計器を調整して誤差を修正することは含まない」である。一般的な標準器としては，（ 8 ）などがある。

③測定後誤差において，母平均と真の値との差を（ 9 ）といい，繰り返し測定されたデータのふぞろいの程度を（ 10 ）という。

【（ 5 ）～（ 8 ）の選択肢】

ア．計測　イ．標準器　ウ．校正　エ．ブロックゲージ
オ．測定　カ．基準器　キ．検査者　ク．マイクロメーター

【（ 9 ），（ 10 ）の選択肢】

ア．校正値　イ．ばらつき　ウ．データ誤差　エ．かたより

解答と解説（検査と測定）

【問題1】

解答　(1)　×　(2)　○　(3)　×　(4)　○　(5)　×
(6)　○　(7)　×　(8)　○　(9)　×　(10)　×

解説

(1) 検査方法の分類では，全数検査と抜取検査と**無試験検査・間接検査の3種類**がある。
(2) 本文の通りである。この検査は人間の五感にたよる検査である。
(3) 検査方法は，変える必要が生じなければ変えなくても良いが，現状方法で問題発生など，**変更の必要が生じれば変えるべき**である。
(4) 本文の通りである。目視検査などの官能検査では，誰が検査をしても同じ結果となるような，客観的な基準が求められる。
(5) サンプリングがいくら正しくても，サンプル中の不適合品率とロット全体の不適合品率との間には，**サンプリング誤差が生じる**。
(6) 本文の通りである。
(7) 元データが計量値（寸法・重量等）であれば，その平均値や標準偏差などを求める検査は，**計量抜取検査**となる。
(8) 本文の通りである。
(9) 供給側の検査結果により，受入側の検査を省略する検査は**間接検査**である。
(10) 本文の内容は**測定**の説明であり，検査の説明ではない。

【問題2】

解答　(1)　カ　(2)　イ　(3)　オ　(4)　エ　(5)　ウ
(6)　イ　(7)　イ　(8)　ア　(9)　エ　(10)　カ

解説

(1) 対象を含む全ての集団を**母集団（ロット）**という。
(2) サンプル（標本）を抽出する行為を**サンプリング**という。
(3) 抽出したサンプル間のばらつきを**サンプリング誤差**という。
(4) 測定による測定間のばらつきを**測定誤差**という。

(5) 個々の品物に対する検査で**適合**／**不適合**の判定を行う。

(6) ロットに対する検査で**合格**／**不合格**の判定を行う。

(7) 検査の**実施段階**で分類すると，受入検査・購入検査・工程内検査・最終検査・出荷検査がある。

(8) **検査方法**で分類すると，全数検査・抜取検査・無試験検査・間接検査がある。

(9) **検査の性質**で分類すると，破壊検査・非破壊検査がある。

(10) 検査後に次工程に流すことが出来るのは，製品を壊さずに行う検査であり，**非破壊検査**が該当する。

【問題 3】

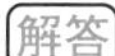
(1) ウ　(2) キ　(3) エ　(4) イ　(5) オ
(6) ア　(7) ウ　(8) エ　(9) エ　(10) イ

解説

(1) 提供された品物全数について行う検査を**全数検査**という。

(2) ロットからサンプルを抜き取って行う検査を**抜取検査**という。

(3) 品質や技術の情報に基づいて行う検査を**無試験検査**という。

(4) 供給者側での結果により，受入検査を省略する検査を**間接検査**という。

(5) 基準と比較して数値または符号で表すことを**測定**という。

(6) 特定の目的をもって量的にとらえることを**計測**という。

(7) 測定機器が表示する値と，標準器に基づく値との関係を求めることを**校正**という。

(8) 一般的な標準器として，**ブロックゲージ**・標準分銅などがある。

(9) 母平均と真の値との差を**かたより**という。

(10) 測定したデータのふぞろいの程度を**ばらつき**という。

第7章　方針管理と日常管理

出題頻度 ★★★★★

1 方針管理

企業は，経営トップの方針のもとに統一した行動が必要です。

(1) 方針管理とは

方針管理とは，経営方針や経営理念に基づき，中長期や短期の**経営計画を定め，それらを効率的に達成するための企業組織全体で行われる活動**のことです。方針は目標＋方策で表わされ，目標達成のための方策が重視されます。方針に基づいて，各部門が有機的に取り組みます。

方針管理　＝　目標　＋　方策

(2) 方針管理のしくみとその運用

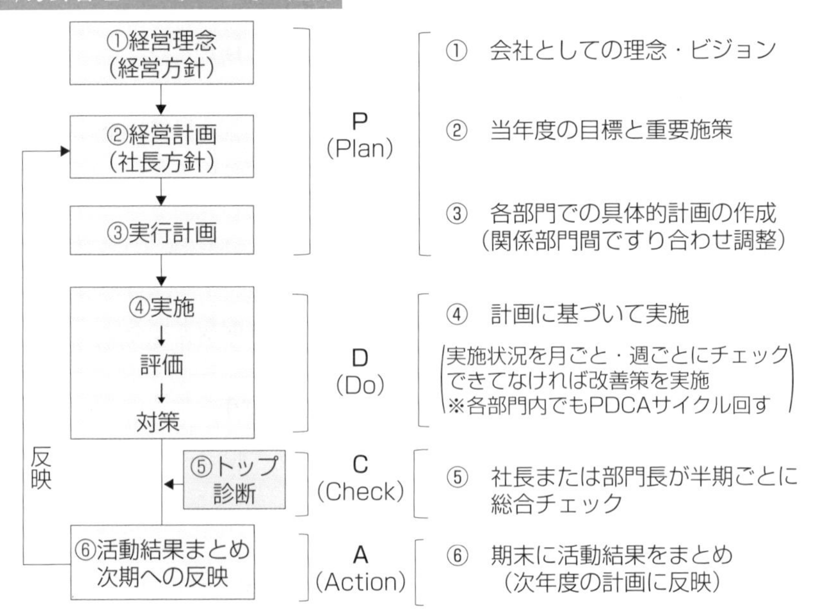

(3) 方針管理の意義

① 総合的品質管理 **TQM の組織化達成**
② 各業務の**全社的位置付けの明確化**
③ 効果的な**経営目標達成**
④ **人材育成**
⑤ **企業体質の改善**

(4) 方針管理運用上のポイント

① 経営トップの方針・計画は，**根拠を明確にして全従業員に明示**
② 方針管理は，企業組織全体で活動するものであり，**各部門が協力して目標達成**
③ 方針管理の実施に当たっては，**日常管理活動も同様に推進**
④ 各段階で，常に実施状況を把握し**問題が有ればすぐに対策実施**

(5) 方針・管理項目の事例

方針管理の具体例として，次のような事例が有ります。

重点課題	目　標	方　策
・新製品の 開発力強化	・新製品開発件数 ２件／年	・デザインレビューの充実 ・顧客訪問によるニーズ把握
・市場クレーム の低減	・市場クレーム発生件数 ５件以下／年	・未然防止活動の徹底 ・部門横断活動の推進
・顧客満足度の 向上	・サービス満足度 80点以上	・コールセンターの充実 ・新たなサービスの提供

2 日常管理

日常管理は，日常の業務目標を達成するために必要な活動です。方針管理を適切に進めるためにも，しっかりとした日常管理が必要です。

(1) 日常管理とは

日常管理とは，各部門の担当業務について，その**目的を効率的に達成するために日常実施しなければならない全ての活動**のことです。

※日常管理における**各部門の業務を明確にし責任や権限を適切に配分すること**を職務分掌という。

(2) 維持と改善

日常管理は現状維持活動を基本としますが，さらに好ましい状態へ改善する活動も含みます。

日常管理 ＝ 維持活動　＋　改善活動

維持活動とは**結果を安定させ続けるための活動**であり，改善活動とは**結果をより好ましいレベルへ持っていくための活動**です。

※日常管理は，方針管理を進める上でも基礎となる活動です。

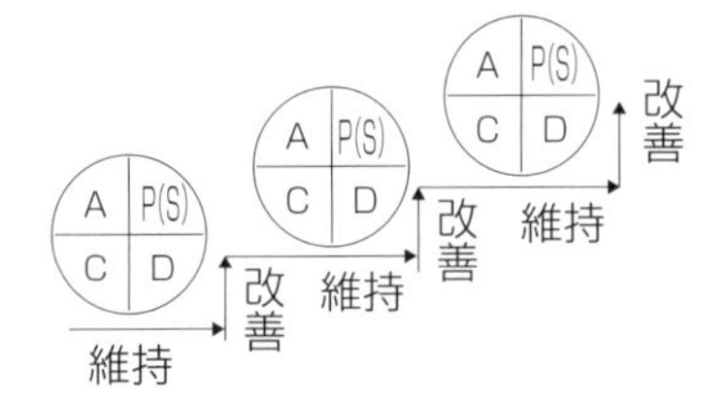

(3) 管理項目と管理水準

日常管理では，管理項目を明確にする必要があります。管理項目には，**維持する項目と改善する項目**とがあります。維持する項目には管理水準が，改善する項目には**目標値**が与えられます。

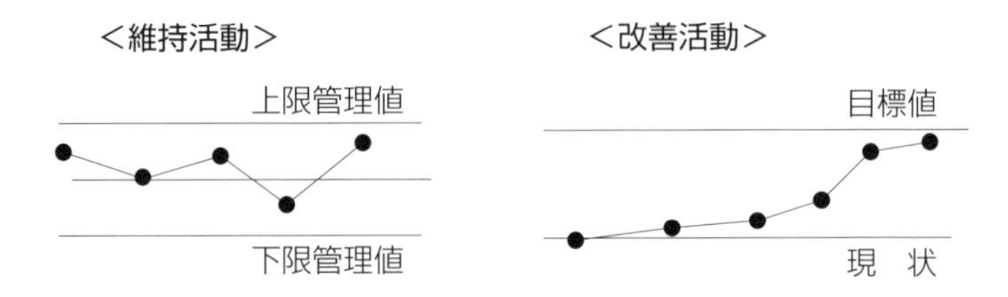

(4) 異常とその処置

日常管理では，異常と判断する基準を明確にしておくことが大切です。そして**異常**が発見されたら，**原因を究明して**，早急な処置（**応急処置と再発防止**）を行います。

※また異常発生時には，関係する責任者への**報告・連絡・相談**も必要です。

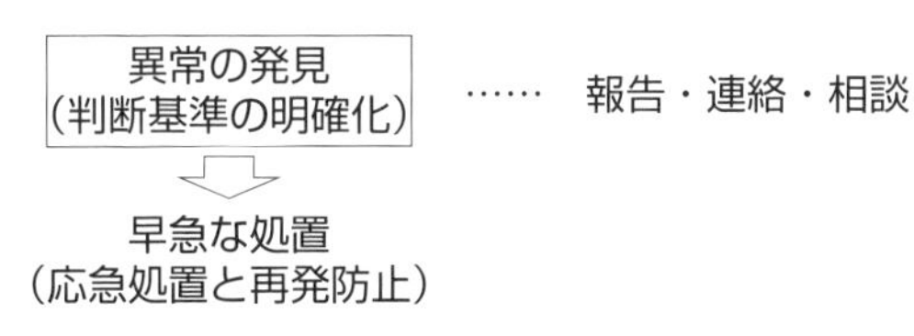

(5) 変化点とその管理

日常管理では，変化点・変更点を見逃さないことが大切です。（日常の生産活動で最も品質問題が生じ易いのは，工程で何らかの変化要因が発生したときです。）

a. 変化点管理 ‥ 意図せずに何かが変化したと判断される場合
　① 資材の材質変化　② 刃具の摩耗　③ 乾燥炉の温度変化
　④ 作業者のうっかり　など

b. 変更点管理 ‥ 製品仕様や工程条件などを変更する場合
　① 生産機種の変更　② 部品や材料のロット変更　③ 作業者の変更
　④ 刃具の変更　など

(6) 日常管理と方針管理

日常管理と**方針管理**は相互に関連のある活動ですが，それぞれの対象と活動内容は異なります。**日常管理**では，小さな改善を行いながらも現状維持を基本として活動します。

一方，**方針管理**は，現状を打破する大きな改善又は革新を実践する活動となります。

※日常管理が適切に機能して初めて，現状打破を目指した方針管理が可能となります。

第7章のチェックポイント

（1）方針管理とは，経営方針に基づいた中長期または短期の経営計画を，効率的に達成するための**企業組織全体の活動**である。

（2）方針管理における方針は，**「目標十方策」**で表わされる。

方針　＝　目標　＋　方策

（3）日常管理とは，各部門の業務において，効率的に目標達成するために**日常実施しなければならない全ての活動**である。

（4）日常管理の活動は，現状維持活動を基本とするが，さらに好ましい状態へ**改善する活動も含む**。

日常管理　＝　維持活動　＋　改善活動

（5）職務分掌とは，日常管理における各部門の業務を明確にし，**責任や権限を適切に配分**することをいう。

（6）方針管理と日常管理の違いは，**下記通り**である。

・**方針管理**：現状打破するための**大きな改善や課題達成**が対象
・**日常管理**：各部門それぞれの**通常職務や小さな改善**が対象
※日常管理が適切に機能して初めて，方針管理が可能となる。

（7）変化点管理とは，刃具の摩耗や作業者のうっかりなど，**意図しない変化に対する管理**のことをいう。変化がないかどうかを日常的に監視することが大切である。

（8）変更点管理とは，製品仕様や工程条件の変更など，**事前に変更内容が分かっている場合の管理**である。変更による品質への影響度をいかに予測して対応するかが重要である。

演習問題〈方針管理と日常管理〉

【問題 1】 **日常管理と方針管理に関する次の文章において，正しいものに○，正しくないものに×を選び，答えよ。**

① 日常管理は，現在の状態を維持する活動であり，改善を行う活動は含まない。（ 1 ）

② 日常管理を適切に実施するためには，業務手順を明確にする必要がある。そのためには，標準化が有効な手段である。（ 2 ）

③ 日常管理とは，各部門の担当業務を効率的に達成するために日常実施しなければならない全ての活動である。日常管理には，更に好ましい状態へ改善する活動は含まれない。（ 3 ）

④ 日常管理は，方針管理を進める上でのベースとなる管理である。（ 4 ）

⑤ 方針管理は，改革や大きな改善のような「企業体質の改善」を目指す管理である。（ 5 ）

⑥ 到達目標は方針管理で示し，具体的な活動方法は日常管理で示すのが望ましい。（ 6 ）

⑦ 部下に任せた仕事については，部下はそれを管理項目として進めているので，上司としての責任はない。（ 7 ）

⑧ 方針管理を実現した仕組みや成果が組織に定着させるのに，日常管理を効果的に活用することが重要である。（ 8 ）

⑨ 方針管理は，掲げた目標値を達成することが重要であるから，その達成のための方策は特に検討する必要はない。（ 9 ）

⑩ 現在のような変化の激しい時代では，方針管理が極めて重要であり，日常管理はそれほど力を入れる必要はない。（ 10 ）

【問題２】 **次の文章において，(　　　) 内に入る最も適切なものを下記選択肢から１つ選び，答えよ。ただし，各選択肢を複数回用いることはない。**

① 方針管理とは，（　1　）に基づき，中長期経営計画や短期経営方針を定め，それらを効果的に，かつ（　2　）に達成するために，（　3　）全体の協力のもとに行われる活動である。全部門がベクトルを合わせて（　4　）の考え方で達成していく活動である。

【(　1　) ～ (　4　) の選択肢】

ア．効率的　イ．見える化　ウ．重点指向　エ．企業組織
オ．経営基本方針　カ．今月の生産計画　キ．抽象的

② 方針管理の方針は，企業内の上位部門から下位部門に展開していくにしたがい，内容がより（　5　）になっていく。また目標は，重点課題解決の到達点であり，活動結果は（　6　）である必要がある。

③ 各部門での具体的な実行計画作成に当たっては，目標や方策の一貫性を持たせるために，関係部門との（　7　）を十分に行う必要がある。

④ 方針管理の管理項目として，最終的な目標値（および処置限界）と途中段階での目標値（および処置限界）を定める。そして（　8　）は，方針の浸透および実施状況を把握するために，定期的に（　9　）に基づいた途中診断を実施する。これにより，マネジメントをより確実なものとする。

【(　5　) ～ (　9　) の選択肢】

ア．測定可能　イ．三現主義　ウ．日常的　エ．すり合わせ
オ．担当者　カ．具体的　キ．抽象的　ク．トップマネジメント

【問題3】 **次の文章において，（　　）内に入る最も適切なものを下記選択肢から1つ選び，答えよ。ただし，各選択肢を複数回用いることはない。**

①日常管理は，企業内の各部門で日常実施しなければならない全ての（ 1 ）を対象とする。また（ 2 ）とは，組織内の各部門が取り組む仕事を明確にし，責任や権限を適切に配分することをいう。

②日常管理活動を進めるために，各々の部門の職務と活動に対する成果を評価するための（ 3 ）を設定し，活動を行う。

③日常管理では，日常業務を遂行した結果とプロセスを評価し，問題が発見された場合に必要に応じて，（ 4 ）を行う。

【（ 1 ）～（ 4 ）の選択肢】

ア．是正処置　イ．危険予知　ウ．職務分掌　エ．予防処置
オ．管理項目　カ．業務活動

④維持活動は，（ 5 ）サイクルを基本として定められた（ 6 ）に基づき，業務後にチェックを行い，不具合に対して処置を取る。

⑤改善活動は，（ 7 ）サイクルを基本として改善の目的を決め，計画を作成し，計画通りに実施する。次に，改善活動の結果を調査して効果の確認を行い，必要に応じて対策を取ることをいう。

⑥管理する指標は，関係者が同じ基準で判断できるように，できるだけ数値化する。また，（ 8 ）は，その基準で測った場合の目標水準，あるいは，異常と判断して行動を起こす水準などを表示する。

【（ 5 ）～（ 8 ）の選択肢】

ア．日常管理　イ．管理方法　ウ．PDCA　エ．SDCA
オ．PDPC　カ．管理尺度　キ．管理水準　ク．標準
ケ．規則

解答と解説（方針管理と日常管理）

【問題1】

解答　(1) ×　(2) ○　(3) ×　(4) ○　(5) ○
(6) ×　(7) ×　(8) ○　(9) ×　(10) ×

解説

(1) 日常管理には，改善を行う活動も含んでいる。
(2) 本文の通りである。標準化は，日常管理の有効な手段である。
(3) 日常管理には，更に好ましい状態へ改善する活動も含む。
(4) 本文の通りである。日常管理が適切に機能して初めて，現状打破の方針管理が可能となる。
(5) 本文の通りである。
(6) 方針管理は組織全体での課題解決を目指し，日常管理は日常やるべき活動の維持管理である。それぞれで活動内容は異なる。
(7) 部下に任せた仕事であっても，上司として責任はある。
(8) 本文の通りである。方針管理の成果を日常管理で維持することになる。
(9) 方針管理は目標を掲げるだけでなく，目標達成のための方策を示すことも大切である。
(10) 日常管理は最も基本的な活動であり，方針管理で達成した目標を維持管理するためには，日常管理が必要となる。

【問題2】

解答　(1) オ　(2) ア　(3) エ　(4) ウ　(5) カ
(6) ア　(7) エ　(8) ク　(9) イ

解説

(1) 方針管理は，**経営基本方針**に基づいて中長期経営計画や短期経営方針などを定める。
(2) 方針管理は，効果的かつ**効率的**に達成することが大切である。（いくら一生懸命に取り組んでも効果がなければ意味がない）
(3) 方針管理は，活動するに当たって**企業組織**全体で取り組む活動である。
(4) 目標達成に向けて，全部門がベクトルを合わせて**重点指向**の考え方で取り組むことが大切である。

(5)(6) 方針管理は，上位部門から下位部門に展開するに伴い，内容がより**具体的**になっていく。そして目標は，課題解決の到達点であり，**測定可能**である必要がある。

(7) また実行計画作成に当たっては，関係部門との**すり合わせ**（調整）を十分に行う必要がある。

(8)(9) 方針の浸透状況・実施状況を把握するために，**トップマネジメント**は自ら定期的に，**三現主義**に基づいた現場診断を実施することも大切である。

【問題 3】

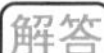 (1) カ　(2) ウ　(3) オ　(4) ア　(5) エ
(6) ク　(7) ウ　(8) キ

解説

(1)(2) 日常管理は，日常的に実施しなければならない全ての**業務活動**を対象としている。そして各部門の業務を明確にし，責任や権限を適切に配分することを**職務分掌**という。

(3)(4) 日常管理を進めるために，成果を評価するための**管理項目**を設定し，活動を行う。そして問題を発見したら，必要に応じて**是正処置**を行う。

(5)(6) 日常管理の維持活動は，**SDCA サイクル**に沿って進められる。業務の実施結果を**標準**と比較して評価し，不具合があれば処置を取る。

(7) 一方，日常管理の改善活動は，**PDCA サイクル**に沿って進められる。改善計画を作成して実施し，結果の確認，必要に応じて対策を取る。

(8) 日常管理の各管理項目に対して，関係者が同じ基準で判断できるように，**管理水準**を明確にしておく必要がある。

第8章　標準化

出題頻度
★★★☆☆

1　標準化の目的

(1) 標準とは

標準とは，関係する人々の間で便利なように，**共通化・単純化された取り決めのことです**。そして標準化とは，**標準を設定し，これを組織的に繰り返し使用する行為**のことをいいます。

標準とは

関係する人々が便利なように，
共通化・単純化された取り決め

標準化とは

標準を設定し，これを活用する
組織的活動

(2) 標準化の目的

標準化の目的には，次の項目が挙げられる。

項　目	目的と意義
① 相互理解の促進	共通の基準に基づいた単位表示や図面表記などのように，相互理解を促進する。
② 健康・安全確保，環境保護	自動車の安全性，有害物質の規制などのように，健康や安全を確保したり環境保護に役立つ。
③ 互換性･インターフェース確保	電源のコンセント，ボルト，データ送受信などのように，システム間の接続時の障害を防ぐ。
④ 使用目的の適合性	使用目的に合った選択が容易になる。(材料規格など)
⑤ 多様性の調整	無秩序な多種類から統制されて，適正な選択が可能となる。(ネジの種類など)
⑥ 両立性・共存性	相互に悪影を及ぼさずに，ある環境の下での並存が可能となる。(電磁波の影響など)
⑦ 貿易障害の除去	共通基準により，相互取引の円滑化が図れる。(試験方法など)

2 社内標準化

社内標準化とは，**企業内あるいは工場内など，特定の事業所内で進められる標準化**です。会社を効果的に運営するためには，経営方針や経営目標を従業員に知らしめ，理解させることが大切です。そのため社内標準化は重要であり，経営者は率先して推進する必要が有ります。

※プロセス管理と社内標準化

社内標準化はプロセス管理の重要な要素です。標準化によってプロセスの維持や改善が効果的に行えるようになります。

(1) 社内標準化の目的

項　目	目的と意義
① 相互理解の促進	企業活動に必要な各種基準の標準化で理解を促進する
② 健康・安全確保	危険な作業や取り扱いの標準化で健康・安全を確保する
③ ノウハウ・技術の蓄積	個人や組織の技術標準化で，技術力向上を図る
④ コストダウン	部品や材料の標準化でコスト低減。業務標準化で効率向上する
⑤ 品質の維持・向上	生産の４Ｍ（人・物・設備・方法）が安定して品質向上する

(2) 社内標準化の実際

個々の企業では，その事業の目的達成のために国家規格・国際規格などを活用して，細則的な規格を作成します。そして必要に応じて，製造方法・作業方法・試験方法・検査方法などを，社内規格として作成します。

(3) 社内標準書の体系

各業種により，また置かれた状況により組織の最適な体系は異なりますが，大別すると次の５つに分けられます。

標準類	標準の内容
① 規程	組織や業務の内容・手順・手続き・方法に関する事項
② 要領	各業務を実施するときの手引き・参考・指針となる事項
③ 規格	製造・検査・サービスにおける物や製造条件・方法などの技術的事項
④ 技術標準	工程ごと・あるいは製品ごとに必要な技術的事項を定めたもの
⑤ 作業標準	⑤作業標準：作業条件・作業方法・管理方法・使用設備などに関する基準

(4) 作成のポイント

① 実行可能な内容

実行内容が容易・可能であること

② 理解が容易

図表や写真などを使って，理解しやすい表現であること

③ 関係者の合意

関係部門すべてとの合意があること

④ 他標準との整合性

他の社内標準と整合性がとれていること

⑤ 国家規格／国際規格との整合性

国家規格や国際規格にも整合していること

※1．社内標準の実施に向けては，必要に応じて説明会や教育・訓練を行います。

2．また社内標準は，現状に則して，常に維持・改善されている必要が有ります。

3 国家標準化

国家標準化とは，**国内において規格を制定し，その適用促進を図る活動**のことです。日本の国家規格には，「JIS（日本産業規格）」や「JAS（日本農林規格）」などがあります。このうち，産業分野における標準化を『産業標準化』といい，日本では産業標準化法に基づいた国家規格「JIS（日本産業規格）」があります。これらは，日本の法律に基づいて運用されているので，**国家標準化**といえます。

(1) 日本の国家規格

・JIS（日本産業規格）…「産業標準化法」に基づいて鉱工業品を対象
・JAS（日本農林規格）…「農林物資の規格化に関する法律」に基づいて農林物資を対象

(2) 国家標準化の意義

放置すれば，多様化・複雑化・無秩序化してしまうものを，利便性・効率性・公正性の確保，技術進歩の促進，安全・健康・環境の保護のために，国レベルで規格を統一して制定します。

(3) JIS（日本産業規格）の対象

JIS 規格には，次の３つの種類があります。

① **基本規格**：用語，記号，単位，標準数などを規定
② **方法規格**：試験方法や分析，検査，及び測定方法や作業標準などを規定
③ **製品規格**：製品の形状，寸法，材質，品質，性能などを規定

(4) JISマーク表示制度

JIS マーク表示制度とは，所定の手続きを経て登録認証機関の認証を受ければ，**工業製品や加工技術・ある特性などに「JIS マーク」を表示**することができる制度です。国内だけでなく，外国の製造業者・販売業者・輸出業者も表示することができます。

鉱工業品用 

鉱工業品の JIS 適合を認証

加工技術用 

JIS で定められた加工方法で生産や処理したことを認証

標準化

特定側面用　

鉱工業品の種類・形状・寸法・構造
品質・性能などの特定側面の認証

4 国際標準化

国際標準化とは，**国際的な枠組みの中で，多くの国が協力して国際的に適用される統一規格を制定**し，各国が実施促進を図る活動のことです。国際間の貿易が容易になり，また経済や科学分野における国際協力の促進に貢献しています。

代表的な国際規格としては次の２つが有ります。

① ISO（国際標準化機構）………電気・電子技術分野以外の広い範囲の国際規格

② IEC（国際電気標準会議）……電気・電子技術分野全般にわたる国際規格

※１．国際標準化機構や日本産業規格など公的機関が制定した規格や規定に対して，ディファクトスタンダードとは，**市場競争を通じて業界の標準的地位を得た規格や製品のこと**をいいます。

（マイクロソフトの「OS」やビデオの「VHS」など）

※２．国際的な取引を前提にした**国家標準（JIS）では，国際標準（ISO／IEC）との整合性が重要**です。そのため，国際標準化と国家標準化は，相互に関連し，乖離（かいり）がないようにしなければなりません。

第8章のチェックポイント

(1) 標準とは，関係する人々の間で便利なように，共通化・単純化された取り決めである。また標準化とは，標準を設定し，これを組織的に繰り返し使用する行為のことをいう。

(2) 標準化の種類としては，国際的レベルから企業内レベルまで，種々なものがある。

① **社内標準化**（各企業での社内標準化）
② **国家標準化**（日本産業規格（JIS）など）
③ **国際標準化**（ISO，IEC 規格など）

(3) 社内標準として，次のようなものがある。

・**規定**　・**要領**　・**規格**　・**技術標準**　・**作業標準**など

(4) 社内標準の目的として，次のようなものがある。

① **相互理解の促進**　② **健康・安全確保**
③ **ノウハウ・技術の蓄積**　④ **コストダウン**
⑤ **品質の維持・向上**

(5) 日本の国家規格として，次のようなものがある。

① **JIS（日本産業規格）**…鉱工業品を対象
② **JAS（日本農林規格）**…農林物資を対象

(6) 国際規格として，次のようなものがある。

① **ISO（国際標準化機構）**…電気・電子技術分野以外
② **IEC（国際電気標準会議）**…電気・電子技術分野のみ

演習問題〈標準化〉

【問題1】 **次の文章において，(　　　) 内に入る最も適切なものを下記選択肢から1つ選び，答えよ。ただし，各選択肢を複数回用いることはない。**

① プロセス管理の目的は，品質・原価及び（ 1 ）を確実に達成していくために，生産の4要素（4M）すなわち原材料（部品）・設備（機械）・作業者および（ 2 ）を管理することである。

【(1), (2) の選択肢】

ア．受入検査規格　イ．納期　ウ．最終検査規格
エ．作業方法　オ．予算

② 標準を設定し，活用する活動が標準化である。企業内で行う標準化を社内標準化といい，社内標準は関係者の（ 3 ）によって定める。社内標準の内容は，（ 4 ）可能であることや，具体的かつ（ 5 ）な表現で文書化されていること，遵守しなければならないという（ 6 ）がされていることが必要である。

【(3) ～ (6) の選択肢】

ア．変更　イ．主観的　ウ．単純化　エ．合意　オ．権威付け
カ．実行　キ．客観的　ク．抽象的

③ 作業標準書は，製品規格で定められた品質の製品を（ 7 ）に製造するため，作業条件・方法・管理方法・使用材料・設備・（ 8 ）などに関する基準を定めたものである。

【(7), (8) の選択肢】

ア．管理項目　イ．測定方法　ウ．記録　エ．注意事項
オ．効率的　カ．品質特性　キ．サンプリング

【問題2】 **次の文章は，工程管理における代表的な標準書類に関するものである。（　　）内に入る最も適切なものを下記選択肢から1つ選び，答えよ。**

①実在の問題または起こる可能性がある問題に関して，与えられた状況において最適な秩序を得ることを目的として，（ 1 ）・単純化，かつ繰り返し使用するための記述事項を確立する活動を標準化活動という。

【（ 1 ）の選択肢】

ア．独立　イ．経済的　ウ．国際的　エ．共通化

②標準化は，その行われるレベルにより国際標準化・国家標準化・（ 2 ）などに分類される。国際標準化の代表的なものとして（ 3 ）があり，国家標準化の代表的なものとして（ 4 ）規格がある。社内標準の設定にあたっては，社内関係者の合意により，（ 5 ）かつ合理的な方法によることが基本である。

【（ 2 ）～（ 5 ）の選択肢】

ア．社内標準化　イ．業界標準　ウ．日本産業
エ．日本工業　オ．日本食品　カ．ISO（国際標準化機構）
キ．一般的　ク．客観的

③企業において社内標準化は不可欠な活動である。生産の4Mによるばらつきを小さくすることにより，（ 6 ）を安定させ向上させることができる。また部品の互換性やシステムの整合性向上により，（ 7 ）につながる。更には個人のノウハウを企業のノウハウとして目に見える形で蓄積でき，（ 8 ）に大いに役立つ。

【（ 6 ）～（ 8 ）の選択肢】

ア．リスク　イ．技術力向上　ウ．コスト低減　エ．互換性
オ．品質

解答と解説（標準化）

【問題１】

解答　(1)　イ　(2)　エ　(3)　エ　(4)　カ　(5)　キ
(6)　オ　(7)　オ　(8)　エ

解説

(1) プロセス管理の目的は，品質・原価及び**納期**である。

(2) 生産の４要素（4M）とは，原材料（部品）・設備（機械）・作業者及び**作業方法**である。

(3)〜(6) 社内標準は，社内の関係者の**合意**に基づいて定められる。
社内標準の内容は，**実行**可能であることや，具体的かつ**客観的**な表現であることが求められ，また，**権威付け**されている必要がある。

(7)(8) 作業標準書には，物を**効率的**に製造するために作業条件・方法・管理方法・使用材料・設備・**注意事項**などが記載されている。

【問題２】

解答　(1)　エ　(2)　ア　(3)　カ　(4)　ウ　(5)　ク
(6)　オ　(7)　ウ　(8)　イ

解説

(1) 標準とは，**共通化**・単純化された取り決めのことである。

(2)〜(5) 標準化には，国際標準化・国家標準化・**社内標準化**がある。代表的な国際標準化として ISO があり，国家標準化として**日本産業規格**がある。
また社内標準の設定にあたっては，**客観的**かつ合理的な方法によることが基本である。

(6)〜(8) 社内標準化の目的として，**品質**の安定と向上，**コスト低減**などがある。またノウハウの蓄積による**技術力向上**もある。

第9章 小集団活動と人材育成

出題頻度 ★★★★★

1 小集団活動

小集団活動では，自主的に運営を行い，メンバーの能力向上・明るい職場作り・企業発展への寄与などを目指します。

(1) 小集団活動（QCサークル）とは

小集団活動とは，**10人以下の従業員によりグループを構成**し，そのグループ活動を通じて構成員の労働意欲を高めて，企業の目的を有効に達成しようとするものです。経営参加の有力な方法であります。この小集団活動の**代表的なものが，QC サークル**です。

QC サークルとは，**職場の第一線で働く人々が継続的に，製品・サービス・仕事などの改善活動を行う小グループ**です。職場別であるので，職場が続くかぎり活動も継続されます。

(2) QCサークル活動の基本理念

QC サークル活動に関わる人々が活動に期待し，進むべき方向を示した基本理念として，次の項目を掲げています。

① **人間の能力を発揮し，無限の可能性を引き出す。**

人間は無限に伸びる能力を持っている。自己啓発・相互啓発し努力すれば能力はどんどん向上していく。

② **人間性を尊重して，生きがいのある明るい職場をつくる。**

他人の意見・自主性を尊重し，自己啓発や相互啓発を行い，これを伸ばしていく。その結果，生きがいのある明るい職場を作る。

③ **企業の体質改善・発展に寄与する。**

自主的に行い，広い視野で経営的にものごとを考えるようになれば，企業経営のあり方も変わり，体質が改善され発展する。

(3) 活動の進め方

QCサークル活動は，**第一線の職場で働く人々がQCサークルを結成し，お互いに協力してチームワークで進めるもの**です。進める基本は下記とおりです。

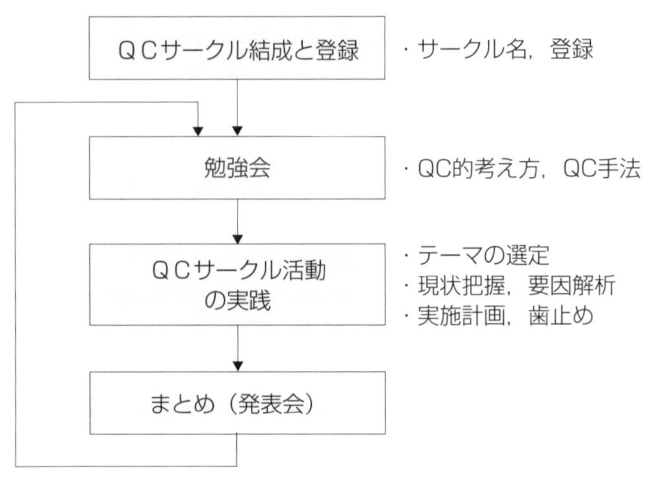

(4) QCサークル活動の運営方法

① **自主的な運営**

メンバー各自が進んでやることが基本です。自分たちで話し合い，考え，自分たちの判断で行動します。目標を決め，お互いに役割分担をして運営します。

② **QC手法の活用**

QC手法を活用して問題解決します。特に，QC七つ道具や新QC七つ道具を多く使って運営します。

③ **創造性の発揮**

職場の問題解決や活動の進め方に対して，思いつきやアイデアを生かして，創造性を発揮して活動します。

④ **自己啓発・相互啓発**

自分自身でやる気を起こし，意欲をもって向上する努力をします。また，メンバーのお互いに相手から刺激を受けて，自分の能力を高め合うことで成長していきます。

(5) 推進体制

小集団活動の推進方法としては，経営における小集団活動の位置づけを明確にし，活動を推進する組織作りが大切です。

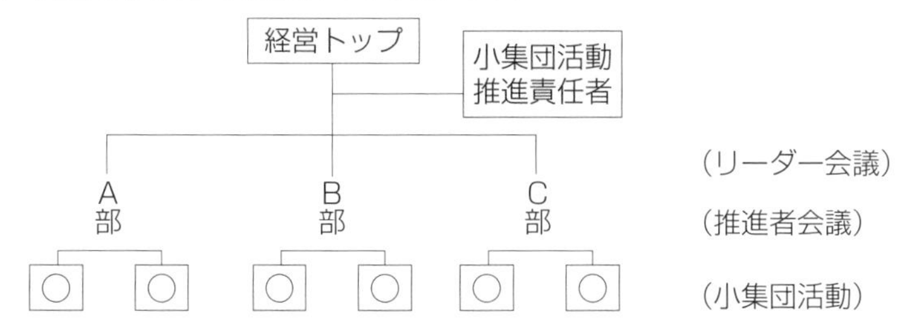

<推進責任者の役割>

推進責任者（推進部門）は，推進のためのしくみを作り，運営を行います。

<職場管理者の役割>

QC サークル活動における管理者の役割は，次の通りです。

① 管理者は，積極的に活動の指導や支援を行う。

② 管理者自身が，QC 的考え方や QC 手法を学び実践する。

③ 管理者は，経営者と QC サークルとの橋渡しを行う。

2 人材育成

企業や組織で品質管理を実践するためには，長期的視野で，企業に貢献できる人材を育成・教育することが不可欠です。

(1) 教育・訓練の目標

企業における教育とは，顧客や社会のニーズを満たす製品・サービスを提供し，各職場で必要な知識や技能を身に付けさせる人材育成です。社会のニーズに応えられたか，職場の問題を解決することが出来たかが評価の基準となります。

(2) 教育・訓練の3本柱

① OJT（職場内教育訓練）

日常業務を通じて行う計画的な教育です。上司や先輩が仕事をしながら職務遂行に必要な能力を指導する方法です。日本企業における人材育成の最大の特徴と言われています。

② Off-JT（職場外教育訓練）

OJTを補うものとして，職場外で行います。一定期間，職場から離れて行う教育訓練であり，企業内で行う場合と外部のセミナーを受講する場合とがあります。

③ 自己啓発（SD）

労働者自らが必要に応じて，自発的に学習するものです。時間外に通信教育を受けたり，学習会やセミナーに参加する場合などがあります。

(3) 階層別教育訓練

階層別（管理者，監督者，作業者，新入社員，など）に分けて，対象者が持たなければならない知識・技能を明確にして，教育・訓練します。

[階層別教育の例]

階層	教育内容
経営者層	経営者として経営上必要な知識や考え方を習得
部長・課長	部長・課長の役割と課題を習得し，解決法を学ぶ
係長・班長	第一線管理者の必要知識を学び，問題解決能力を育成
一般職員	品質管理の基本や必要性，日常業務との関連性を習得

※３本柱の長所と短所のまとめ

	OJT	Off-JT	自己啓発
長所	・職場の課題に直結している ・実際の設備・器具などを使用できる ・マンツーマン研修がしやすい	・体系的に学べる ・基本的な理論を学び易い ・計画的な研修が行い易い	・受講生自身の興味に直結している ・比較的自由なペースで学べる
短所	・体系的に学ぶことが困難である ・理論的でない場合がある ・計画的に学ぶことが難しい	・職場の課題から離れがちである ・実際の状況でなく，モデル化された場面での研修となる ・集団訓練となる	・学ぶべき課題の設定が困難 ・良い教材や講座を見つけにくい ・動機が弱いと学習の継続が困難

(4) その他の訓練方法

① ジョブローテーション

短期間にさまざまな業務を経験させることにより，幅広い技能の形成を図る教育訓練です。OJTの１つと言えます。

② グループ討議

グループの参加者が，特定のテーマについて意見を出し合いながら討議を進めます。発言力や意見聴取力，態度形成などが図られます。

③ 講義法

講師が口頭で説明し，参加者は要点をメモしながら学習する形態です。知識の体系的な学習に適しているが，一方通行で受身になり易い。

第9章のチェックポイント

（1）小集団活動とは，**従業員が職場の改善活動を行うための少人数のグループ活動**である。グループ活動を通じて企業目的を効果的に達成する。QC サークルは，**小集団活動の代表的なもの**である。

（2）活動の運営方法は，下記通りである。

① 自主的な運営
② QC の考え方・手法の活用
③ 創造性の発揮
④ 自己啓発・相互啓発の実践

（3）活動での管理者の役割は，下記通りである。

① 管理者は，積極的に活動の指導や支援を行う。
② 管理者自身が，QC 的考え方や QC 手法を学び実践する。
③ 管理者は，経営者と QC サークルとの橋渡しを行う。

（4）人材育成とは，**長期的視野で企業に貢献できる人材を育成**することである。顧客や社会のニーズを満たす製品・サービスを提供する上で，人材育成はとても大切である。

（5）教育・訓練の 3 本柱は，下記通りである。

① OJT（職場内教育訓練）　② Off-JT（職場外教育訓練）
③ 自己啓発

（6）3 本柱以外の訓練方法

① ジョブローテーション　② グループ討議　③ 講義法

演習問題〈小集団活動と人材育成〉

【問題1】 小集団活動（QCサークル）に関する次の文章において，正しいものには○，正しくないものには×を選び，答えよ。

① 小集団活動では自主性を大事にする。職場の上司や技術部門の人などに対して，アドバイスや支援を求めない方が良い。（ 1 ）

② 総合的品質管理の実践のためには，職場第一線におけるQCサークルやスタッフによる改善チーム，さらには部門横断チームなどの様々な形の小集団活動が重要な役割を担う。（ 2 ）

③ 小集団活動を効率的に運営するために，各メンバーは，リーダーと異なる意見を述べることを控えるように努力すべきである。（ 3 ）

④ プロジェクト的に作られた改善チームは，目標達成したときは解散するが，QCサークルは継続して次テーマに取り組んでいく。（ 4 ）

⑤ 小集団活動が取り組む改善テーマは，品質に限らず，納期や安全・環境など，職場が抱えている種々な問題も対象になる。（ 5 ）

⑥ 小集団活動は，活動の成果を出すことが大切であるので，リーダーは常にベテランの人が担当する方が良い。（ 6 ）

⑦ 小集団活動は，経営方針を達成するための業務に直結した活動であるので，生きがいのある明るい職場づくりには適していない。（ 7 ）

⑧ 小集団活動は，人材育成を通じて，企業の体質改善や企業の発展に寄与する活動である。（ 8 ）

⑨ 小集団活動では，事例発表会を開催し，企業トップもできるだけ出席して苦労をねぎらい，良い点をほめることも大切である。（ 9 ）

⑩ 活動テーマ「標準類の制定」は，会社の文書に関するものなのでテーマとしてふさわしくない。（ 10 ）

【問題2】 **次の文章において，（　　）内に入る最も適切なものを下記選択肢から1つ選び，答えよ。ただし，各選択肢を複数回用いることはない。**

A工場では，小集団改善活動のマンネリ化が進んでいる。今後，活動が活性化するように，基本に立ち戻って取り組みを行っていきたい。

① 小集団活動は，人間として向上したいという（　1　）の欲求を充足する活動である。

② 小集団活動は，人間性（自主性と創造性）を尊重して，生きがいのある（　2　）づくりを行う。

③ 小集団活動は，お客様満足度の向上と（　3　）を行っていく活動でもある。

【（　1　）～（　3　）の選択肢】

ア．消極的　　イ．積極的　　ウ．社会的貢献　　エ．明るい職場
オ．自己実現　　カ．社内活動　　キ．学ぶ習慣

④ 小集団活動の進め方は，メンバーのみんなが協力して役割分担をし，各自が責任をもって行うという（　4　）の活動である。

⑤ また問題の解決にあたっては，既存の知識や考え方から大きく飛躍した各メンバーの（　5　）が要求される。

⑥ 一方で，経営者や職場の管理者は，活動の主役はメンバーであることを理解したうえで，活動に対して積極的に（　6　）を行う。

⑦ 小集団活動を活性化させ，各職場において能力を発揮することは（　7　）となり，企業発展に寄与する。

【（　4　）～（　7　）の選択肢】

ア．創造性の発揮　　イ．知識の発揮　　ウ．指導と支援
エ．強制的活動　　オ．全員参加　　カ．企業体質の改善

【問題3】 **次の文章において，（　）内に入る最も適切なものを下記選択肢から1つ選び，答えよ。ただし，各選択肢を複数回用いることはない。**

教育訓練において最も重要な内容は，日常業務を通じて計画的に行う（ 1 ）である。また職場を離れて行う（ 2 ）は，（ 1 ）を補うものとして大切です。一方，労働者が自らの必要に応じて，自発的に勉強・学習を行うことを（ 3 ）という。

【（ 1 ）～（ 3 ）の選択肢】

ア．自宅学習　イ．OJT　ウ．Off-JT　エ．自習学習
オ．自己啓発　カ．コーチング

【問題4】 **人材育成に関する次の文章において，正しいものには○，正しくないものには×を選び，答えよ。**

① 教育・訓練において，Off-JT は OJT に比べて，理論の学習や体系的な学習などに向いている。（ 1 ）

② ジョブローテーションは，いろいろな仕事を経験させ，幅広い技能の形成を図る教育訓練である。（ 2 ）

③ OJT は，職場の課題に直結しており，Off-JT に比べて，計画的に学ぶことができる。（ 3 ）

④ 自己啓発は，従業員自らが，その必要に応じて自発的に勉強・学習するものである。（ 4 ）

⑤ 講義による教育は，知識の体系的な伝達に適している。（ 5 ）

⑥ 人材育成は，長期的視点に立って，企業に貢献できる人材や主体性・自立性を持った人材の育成に重点をおいている。（ 6 ）

解答と解説（小集団活動と人材育成）

【問題1】

解答 ⑴　×　⑵　○　⑶　×　⑷　○　⑸　○
⑹　×　⑺　×　⑻　○　⑼　○　⑽　×

解説

⑴ 自主的な活動ではあるが，上司や技術部署など，可能な限りアドバイスや支援を受けるのが良い。
⑵ 本文の通りである。
⑶ リーダーと異なる意見や考えであっても，積極的に受ける方が良い。
⑷ 本文の通りである。職場が続く限り活動も継続する。
⑸ 本文の通りである。職場が抱える様々な問題が改善テーマとなり得る。
⑹ メンバーそれぞれがリーダーシップを身に付けるためにも，リーダーは交代制で進めることが望ましい。
⑺ 小集団活動は，自主性を尊重し，自己啓発や相互啓発で各人の能力を伸ばしていく。その結果，生きがいのある明るい職場となる。
⑻ 本文の通りである。
⑼ 本文の通りである。小集団活動には，企業トップや管理者の役割もとても大切である。
⑽ 会社の標準類であっても，問題点が明確になれば，改善テーマとして取り上げることは可能である。

【問題2】

解答 ⑴　オ　⑵　エ　⑶　ウ　⑷　オ　⑸　ア
⑹　ウ　⑺　カ

解説

⑴ 小集団活動は，**自己実現**を満たす活動でもある。
⑵ 小集団活動は，人間性を尊重して，生きがいのある**明るい職場**づくりを行う。
⑶ 小集団活動は，お客様満足度の向上と**社会的貢献**を行う活動でもある。
⑷ 小集団活動は，みんなが協力して行う**全員参加**の活動である。

(5) 小集団活動は，従来の考え方から大きく飛躍した**創造性の発揮**が要求される。

(6) 経営者や管理者は，活動に対して積極的な**指導と支援**を行う必要がある。

(7) 各職場において能力を発揮することにより，**企業体質の改善**に寄与するようになる。

【問題 3】

解答 (1) イ　(2) ウ　(3) オ

解説

(1)〜(3) 教育訓練の 3 本柱は，**OJT・Off-JT・自己啓発**である。その中でも **OJT** は最も日常的に行われる活動であり，**Off-JT** はそれを補っている。また，自らの意思によって行う**自己啓発**がある。

【問題 4】

解答 (1) ○　(2) ○　(3) ×　(4) ○　(5) ○　(6) ○

解説

(1) Off-JT は理論学習や体系的学習に向いている。

(2) ジョブローテーションは幅広い技能の形成を図る教育訓練である。

(3) OJT は，対象職場の都合もあるため，計画的に学ぶことが難しい。

(4) 自己啓発は，必要に応じて自ら行うものである。

(5) 講義による教育は Off-JT の 1 種であり，知識の体系的な伝達に適している。

(6) 人材育成は，長期的視点に立つことが大切である。

第10章　品質マネジメントシステム

出題頻度
★★☆☆☆

1　品質マネジメントシステムとは

ISO9000：2015における品質マネジメントシステムは，**品質方針・品質目標を設定し，その品質目標を達成するためのシステム**です。方針・目標を達成するためには，必要な手順を文書化し，それに従い実行するというPDCAサイクルを回すのが基本です。

2　品質マネジメントの原則

ISO9000：2015では，品質マネジメントの原則として，組織を導き運営するために必要な改善に向けて，**マネジメントの7つの原則**が定められています。

① 顧客重視

組織は顧客の要望を満たすこと，及び顧客の期待を超える努力が必要です。顧客満足は企業経営の究極の目標です。

② リーダーシップ

全ての階層のリーダーは，組織の目的・方向を一致させ，メンバーを組織目標達成に積極的になる状況をつくるべきです。

③ 人々の積極的参加

組織能力の強化には，全ての階層の全ての人の積極的参加が必要です。そして役割・責任・権限を，適切に割り当てることが大切です。

④ プロセスアプローチ

活動および関連資源が，1つのプロセスとして運営管理され，また，相互の関連システムが，1つのプロセスとして効果的に運営管理されるべきです。

⑤ 改善

顧客の期待に応えるために，組織は「さらなる品質向上」について，継続的に取り組む必要があります。

⑥ 客観的事実に基づく意思決定

効果的な意思決定のためには，確かなデータや記録（客観的な事実）に基づいた情報分析が大切です。

⑦ 関係性管理

組織と供給者などの利害関係者は相互に依存しており，両者の互恵関係は価値的創造力を高めます。

3 ISO9000シリーズ

ISO9000シリーズは，1987年に制定され，下記のような規格で構成されています。

〈ISO9000ファミリー規格〉

規格番号	内　容
ISO9000:2015	品質マネジメントシステム—基本及び用語
ISO9001:2015	品質マネジメントシステム—要求事項 （認証取得を目指す組織はこの規格に基づいてシステム構築の必要あり）
ISO9004:2009	組織の持続的成功のための管理方法—品質マネジメントアプローチ
ISO19011:201	マネジメントシステム監査の指針

品質マネジメントシステムは，ISO9001：2015の要求事項に従って確立し，文書化し，実施し，かつ維持していかなければなりません。またそのシステムの有効性は，継続的に改善していく必要があります。

4 日本的品質管理との相違点

日本的品質管理の代表である総合的品質管理（TQM）は，消費者の立場で積極的に顧客要望を取り入れながら，**供給者が主体性をもって品質保証**を図っていくものです。

一方ISO9000は，購入者が供給者に対して要求するマネジメントシステムであり，**第三者が顧客の立場で品質マネジメントシステムを評価**するというものです。

項　目	ISO9000	総合的品質管理（TQM）
目　的	顧客要求への合致	顧客満足度の確保，企業体質の改善
主体性	第三者機関が評価	供給者の自主性
評価の対象	品質管理システム	商品・サービス及び経営の質
水　準	現状維持	改善重視
管理方法	トップダウン	ボトムアップ （一部トップダウン）

5 第三者認証制度

第三者認証制度とは，認証機関という**第三者が，供給者の品質マネジメントシステムを評価・登録し，購入者はその登録結果を活用する制度**です。

ISO9000における品質マネジメントシステムは，まさにこの第三者認証制度に基づいて審査し，結果を公表する審査登録制度となっています。

第10章のチェックポイント

（1）品質マネジメントシステムとは，**品質方針を設定し，その目標達成をするためのシステム**である。目標達成のために必要な手順を文書化して，実行するための「**PDCAサイクルを回す**」というのが基本である。

（2）品質マネジメントの原則として，７つの原則が定められている。

① **顧客重視**
② **リーダーシップ**
③ **人々の積極的参加**
④ **プロセスアプローチ**
⑤ **改善**
⑥ **客観的事実に基づく意思決定**
⑦ **関係性管理**

（3）日本的品質管理（TQM）とは，**消費者の立場で顧客要望を取り入れ，供給者が主体性をもって品質保証**を図っていくものである。

（4）ISO9001（品質マネジメントシステム）の特徴は，**第三者が顧客の立場**で品質マネジメントシステムを評価して登録するものである。この制度を**第三者認証制度**という。

演習問題〈品質マネジメントシステム〉

【問題1】 **次の文章に関して，（　　）内に入る最も適切なものを下記選択肢から1つ選び，答えよ。ただし，各選択肢を複数回用いることはない。**

① 品質マネジメントとは，「顧客・社会のニーズを満たす製品・サービスの品質を（　1　），かつ，効率的に達成する活動である。その目的は，製品・サービスの安全性・信頼性・操作性・環境保全性・（　2　）などの多岐にわたるニーズを満たすこと」である。そして品質マネジメントシステムとは，「（　3　）に関する方針及び目標を定め，その目標を達成するための相互に関連する個々のプロセスがつながったもの」である。

【（　1　）～（　3　）の選択肢】

ア．経済性　　イ．具体性　　ウ．効果的　　エ．効率的　　オ．品質
カ．納期　　キ．コスト

② ISO9000シリーズにおける品質保証とは，「（　4　）を満たしているかを継続的に確認して評価し，問題があれば（　5　）を行う。さらには，それが守られていることを客観的な（　6　）で示して信頼を得る」ために行う体系的活動である。日本的品質管理では，（　7　）で品質保証を行っていく。一方，ISO9000では，顧客の立場に立った（　8　）が，品質マネジメントシステムを評価するものである。

【（　4　）～（　8　）の選択肢】

ア．是正処置　　イ．再発防止　　ウ．証拠　　エ．品質標準
オ．顧客ニーズ　　カ．プロセス　　キ．供給者側　　ク．第三者

【問題２】 ISO9000：2015における「品質マネジメントの原則」として，トップマネジメントの原則がある。その内容として，正しいものには○，正しくないものには×を選び，答えよ。

① 組織は，その顧客に依存しており，顧客の要望を満たすこと，および顧客の期待のさらに上をいく努力が必要である。（ 1 ）

② 組織のリーダーは，組織の進むべき道を明確にし，メンバーを組織の目標達成に積極的になる環境をつくるべきである。（ 2 ）

③ 組織にとって，全ての階層の人々は大切である。組織能力の強化には，全ての階層の全ての人の積極的参加が必要である。（ 3 ）

④ 各プロセスは独立しており，相互に関連するものであっても，１つのシステムとして運営管理する必要はない。（ 4 ）

⑤ 成功している組織は，「さらなる品質向上」を目指した継続的改善を永遠の目標としている。（ 5 ）

⑥ 会社の目標は，客観的データに基づかずに，抽象的な言葉（スローガン）のみで設定している。（ 6 ）

⑦ 組織は，組織側の強い立場を利用して，利害関係者との間に主従関係を構築して経営の安定化を図っている。（ 7 ）

⑧ ISO9000では，「品質マネジメントの原則」として，組織を導き運営するために必要なパフォーマンス改善に向けて，マネジメントの７原則が定められている。（ 8 ）

⑨ 製造条件などを変更するに当たって，工程管理は重要であるが，責任や権限のある人による許可は，特には必要がない。（ 9 ）

⑩ 品質マネジメントシステムにおいて，方針や目標を達成するための相互の関連やプロセスを表すために，品質保証体系図が良く使用される。（ 10 ）

解答と解説（品質マネジメントシステム）

【問題1】

解答　(1)　ウ　(2)　ア　(3)　オ　(4)　オ　(5)　ア
(6)　ウ　(7)　キ　(8)　ク

解説

(1) 品質マネジメントとは，顧客ニーズを満たす製品・サービスの質を**効果的**かつ効率的に達成する活動である。
(2) その目的は，製品・サービスの安全性・信頼性・操作性・環境保全性・**経済性**などのニーズを満たすことである
(3) 品質マネジメントシステムとは，**品質**に関する目標を達成するための相互に関連するプロセスがつながったものである
(4)～(6) ISO9000シリーズにおける品質管理は，**顧客ニーズ**を満たすことに焦点を合わし，問題が発生すれば**是正処置**を行う。また，それが守られていることを客観的な文書や記録（**証拠**）で示して信頼を得る活動である。
(7)(8) 日本的品質管理では**供給者側**で品質保証を，ISO9000では，顧客の立場に立った**第三者**が，品質マネジメントシステムを評価する。

【問題2】

解答　(1)　○　(2)　○　(3)　○　(4)　×　(5)　○
(6)　×　(7)　×　(8)　○　(9)　×　(10)　○

解説

(2) 組織のリーダーは，メンバーが仕事のしやすい環境を作る責任がある。
(4) マネジメントシステムは，それぞれの関連システムも1つのシステムとして運営管理される必要がある。
(6) 組織の目標は，客観的データに基いて，具体的な内容（測定できる数値を用いて）で設定することが望ましい。
(7) 利害関係者間では，各々対等な立場で，価値創造を高める活動を目指す。
(9) 製造条件などの変更時には，関連者によるレビューを行った上で，責任と権限のある人の承認（許可）を受けなければならない。
(10) 品質保証体系図は，各部門の関連を文書で表している。方針や目標の達成に向けて，各部門の役割を理解するのに適している。

第Ⅱ編

品質管理の手法

品質管理活動において，測定データが手元にあっても上手く使えなければ，全く意味がありません。データを整理して見える化する必要があります。本編では，これらの活動に必要な「基本統計量」「工程能力指数」「QC 七つ道具」「管理図」…，などについて学びます。

第1章　データの取り方とまとめ方

出題頻度
★★★☆☆

1 データの種類

データには，数値データと言語データがあります。そして統計的処理には，数値データを使用します。

また，数値データには，**計量値**と**計数値**とがあります。

① 計量値：寸法・質量・強度・電流などのように量の値があり，**連続量として測定して得られる品質特性の値**です。
※全長68.3cm，重量65.5kg，温度28.2℃など

② 計数値：不適合数，機械の台数，人数など0，1，2，…のように**個数を数えて得られる（不連続）品質特性の値**です。
※不適合品数1,250個，キズの数8個，出席率67%など

データ─┬─数値データ─┬─計量値
　　　　│　　　　　　　└─計数値
　　　　└─言語データ

2 母集団とサンプル

データは必ずバラツキを持っています。そのデータから何らかの判定をするためには，そのデータがどこから得られたかが重要です。このデータを生み出す全体の姿を母集団といい，サンプル（標本）を測定して得られたデータで判定します。

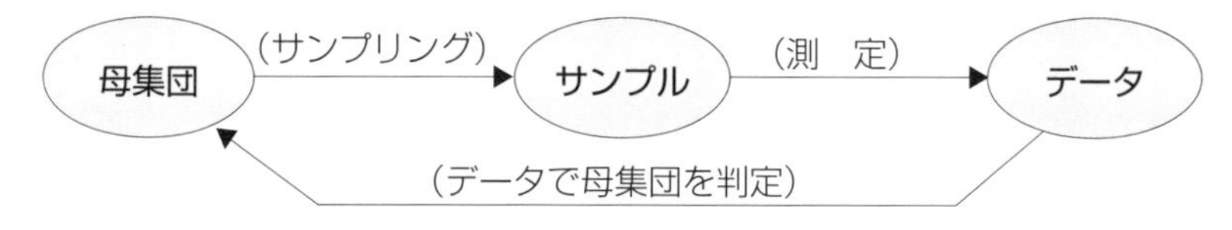

※1．**母集団**とは，処置を行う対象の集団であり，工程やロットなどです。
　2．**サンプル**とは，母集団情報を得るために，母集団から抜き取られたものです。

★サンプルを測定してデータを得るが，判定は母集団に対して行う。

3 サンプリングと誤差

(1) サンプリング

サンプリングとは，**母集団からサンプルを抽出すること**をいいます。サンプリング方法が適切でないと，母集団に対して誤った判断をすることになりかねません。

① **ランダムサンプリング**

母集団から，いずれも同じ確率になるようサンプリングすることです。

② **有意サンプリング**

母集団から，意識的にある特定部分からサンプリングすることです。

(2) 誤差

母集団からサンプルをとって測定したデータには，誤差があります。その**誤差**には，サンプリングによるものと測定によるものとがあります。

誤差　＝　サンプリング誤差　＋　測定誤差

① サンプリング誤差

ある母集団からのサンプリングを繰り返したとき，そのサンプル間で生じるデータのばらつきのことです。

② 測定誤差

あるサンプルの測定を繰り返したとき，その測定ごとに生じるデータのばらつきのことです。

※**測定誤差には，「かたより」と「ばらつき」**が有ります。測定を何回も繰り返したときのデータの平均値と「真の値」との差を**かたより**といい，「真の値」と個々のデータの差を**ばらつき**（誤差）といいます。

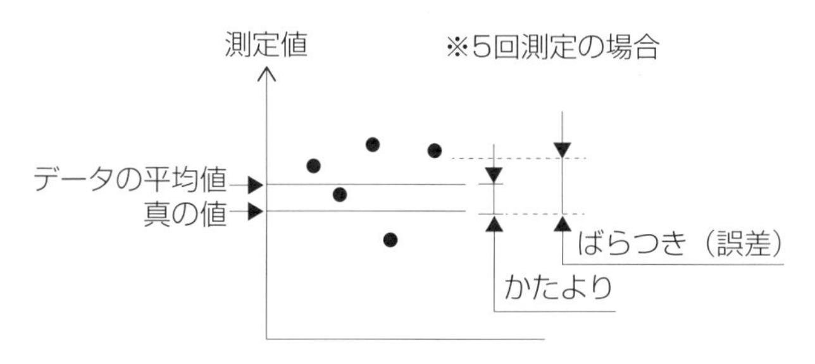

4 基本統計量

データの分布状態を知るためには，サンプルからデータを取り，それを数量的に表して客観的評価や推定を行います。この評価に使用する基本的な数値を基本統計量といいます。

(1) 平均位置を表す指標

① 平均値 $(\overline{X})$

個々の測定値（データ）の総和を全個数で割ったものです。

$$\overline{X}=\frac{\text{データの総和}}{\text{データ数}}=\frac{x_1+x_2+\cdots+x_n}{n}=\frac{\sum x_i}{n}$$

※$\sum$とは，データを合計するという意味です。

たとえば，$\sum_{i=1}^{n}x_i$ とは，$x_1 \sim x_n$ までの値を全て合計するという意味です。以下，$\overset{n}{\underset{i=1}{}}$ の記述は省略して，$\sum$のみを表示します。

② メディアン（Me または $\tilde{x}$）

$Me=$（データを大きさの順に並べたときの中央の値）

※測定値が偶数個の場合は，中央 2 個を算術平均します。

(2) ばらつき程度を表わす指標

① 偏差平方和（S）

個々の測定値と平均値との差の 2 乗和のことです。

$$S=(x_1-\overline{x})^2+(x_2-\overline{x})^2+\cdots\cdots+(x_n-\overline{x})^2=\sum(x_i-\overline{x})^2$$

※ばらつきの大きさを面積の概念で表わしたものです。

② 不偏分散（V）

平方和を（$n-1$）で割ったものです。

$$V=\frac{S}{n-1}$$

※測定個数に関係なく，ばらつきの大きさを表わしたものです。

③ **標準偏差（*s*）**

分散値の平方根として求められます。

$$s=\sqrt{(V)}$$

※測定値や平均値と同じ「単位」でばらつきを表わしたものです。

④ **範囲（*R*）**

範囲（R）は，最大値 $R_{\max}$ と最小値 $R_{\min}$ との差です。

$$R=R_{\max}-R_{\min}$$

⑤ **変動係数（*CV*）**

変動係数（CV）は，標準偏差を平均値で割った値です。

$$CV=\frac{s}{\overline{X}}$$

※ばらつきを相対的比較のし易い大きさで表わしたものです。

(3) 偏差平方和（S）を求める変形式

前項での**偏差平方和（S）**を求める式は前述の通りであるが，データ数が多いときには計算が複雑となる。そこで変形式を用いることにより，計算が簡略化できます。

○ **偏差平方和（S）を求める変形式**

$$S=(x_1-\overline{x})^2+(x_2-\overline{x})^2+\cdots\cdots+(x_n-\overline{x})^2$$

$$=\sum(x_i-\overline{x})^2$$

⇐ 計算がめんどう

$$=\sum x_i^2-\frac{(\sum x_i)^2}{n}$$

⇐ 表を使って簡単に求められる（P.153参照）

【例題 1】

ある工場で製造されたプラスチック製品について，6 個を抽出し，その引張破壊応力を測定した。このデータの① 平均値，② メディアン，③ 偏差平方和，④ 不偏分散，⑤ 標準偏差，⑥ 範囲，⑦ 変動係数を求めよ。

引張破壊応力　データ　：　55　54　52　53　51　54
($\mathrm{N/mm^2}$)

［解答］

① **平均値**（$\boldsymbol{\overline{X}}$）は，次の通りとなる。

$$\overline{X}=\frac{55+54+52+53+51+54}{6}=\frac{319}{6}=53.2$$

② **メディアン**（$\boldsymbol{Me}$）を求めるにあたり，6 つのデータを大きさ順に並べ替えると，55 54 54 53 52 51 となる。ここで中央値は，54と53の 2 つがあり，メディアン（Me）はその平均値で求められる。

$$Me=\frac{54+53}{2}=53.5$$

③ **偏差平方和**（$\boldsymbol{S}$）は，次の通りとなる。

$$S=(55-53.2)^2+(54-53.2)^2+(52-53.2)^2+(53-53.2)^2+(51-53.2)^2+(54-53.2)^2$$

$$=1.8^2+0.8^2+(-1.2)^2+(-0.2)^2+(-2.2)^2+(0.8)^2$$

$$=10.8$$

④ **不偏分散**（$\boldsymbol{V}$）は，次の通りとなる。

$$V=\frac{S}{n-1}=\frac{10.8}{6-1}=2.16$$

⑤ **標準偏差**（$\boldsymbol{s}$）は，次の通りとなる。

$$s=\sqrt{V}=\sqrt{2.16}=1.47$$

⑥ **範囲**（$\boldsymbol{R}$）は，次の通りとなる。

R＝最大値 － 最小値 ＝55－51＝ 4

⑦ **変動係数**（$\boldsymbol{CV}$）は，次の通りとなる。

$$CV=\frac{s}{\overline{X}}=\frac{1.47}{53.2}=0.0276 \qquad 2.8\%$$

【例題２】

例題１における偏差平方和を「変形式」を用いて求めよ。

［解答］

偏差平方和Ｓを求める変形式は，下記通りである。

$$S=\sum x_i^2-\frac{(\sum x_i)^2}{n}$$

ここで，$\sum x_i^2$ や $(\sum x_i)^2$ の値は，右表により事前に求めておく。

この値を使って偏差平方和を求めると，下記の通りとなる。

$$S=16{,}971-\frac{(319)^2}{6}$$
$$=16{,}971-16{,}960.2$$
$$=10.8$$

以上の通り，S の値は例題１で求めた値と同じとなる。

	x_i	x_i^2
1	55	3,025
2	54	2,916
3	52	2,704
4	53	2,809
5	51	2,601
6	54	2,916
合計	319 $(\sum x_i)$	16,971 $(\sum x_i^2)$

第1章のチェックポイント

（1）データの種類には，**数値データ**と**言語データ**とがある。

（2）数値データには，計量値と計数値とがある。

・**計量値**：寸法・質量・強度・電流など，計測して得られる連続的なデータ

・**計数値**：適合数，人数など０，１，２，…，と数えて得られる整数値（不連続）のデータ

（3）母集団とサンプルには次の関係がある。

※**サンプル**を測定して**データ**を得るが，判定は**母集団**に対して行う。

（4）データ誤差には，サンプリング誤差と測定誤差がある。

・**サンプリング誤差**：サンプリングを繰り返したとき，サンプル間に生じるばらつき

・**測定誤差**：測定を繰り返したとき，測定ごとに生じるばらつき

（5）平均位置を表す基本統計量

・**平均値**　$\bar{x}=\dfrac{\sum x_i}{n}$　　・**メディアン**　$Me=$中央値

（6）ばらつきを表す基本統計量

・**偏差平方和**　$S=(x_1-\bar{x})^2+(x_2-\bar{x})^2+\cdots\cdots+(x_n-\bar{x})^2=\sum(x_i-\bar{x})^2$

・**不偏分散**　$V=\dfrac{S}{n-1}$　　・**標準偏差**　$s=\sqrt{(V)}$

・**範囲**　$R=R_{\max}-R_{\min}$　　・**変動係数**　$CV=\dfrac{s}{\overline{X}}$

（7）偏差平方和の変形式

・**偏差平方和**　$S=\sum x_i^2-\dfrac{(\sum x_i)^2}{n}$

演習問題〈データの取り方とまとめ方〉

【問題１】 **次の文章において，（　　）内に入る最も適切なものを下記選択肢から１つ選び，答えよ。ただし，各選択肢を複数回用いることはない。**

① 数値データには２種類がある。（　1　）は測定して得られるデータであり，長さや重さ・時間などがある。（　2　）は数えることによって得られるデータであり，不適合品数や欠点数・不適合品率などがある。

② 製品ロットや工程など，処置の対象とする集団を（　3　）という。この中から必要な情報を得るために標本を抽出する行為を（　4　）という。このとき，（　3　）から，いずれも同じ確率になるようにサンプリングすることを（　5　）という。

【（　1　）～（　5　）の選択肢】

ア．母集団　イ．測定値　ウ．子集団　エ．サンプリング
オ．計数値　カ．有意サンプリング　キ．計量値
ク．ランダムサンプリング

③ 平均位置を表す指標には，（　6　）と（　7　）とがある。（　6　）は，個々のデータ総和をデータ個数で割ったものである。

④ ばらつきの程度を表す指標の１つである（　8　）は，各データから（　6　）を引いた偏差の二乗の和を計算した値である。

⑤（　9　）とは，上記（　8　）の値を「データ数 － 1」で割ったものである。

⑥ そして，この（　9　）の平方根を求めた値が（　10　）である。

【（　6　）～（　10　）の選択肢】

ア．偏差平方和　イ．メディアン　ウ．標準偏差　エ．変動係数
オ．最大分散　カ．不偏分散　キ．平均値

【問題2】 次の文章において，(　　) 内に入る最も適切なものを下記選択肢から1つ選び，答えよ。ただし，各選択肢を複数回用いることはない。

真値が50.0(kg)であることが分かっている重りを，ひとつのはかりを用いて，一定時間の間隔で5回測定をした。その測定結果を下記に示す。

50.1　50.3　50.2　50.4　50.6　50.2

① 測定結果の平均値は（　1　）であり，メディアンの値は（　2　）である。

② 平均値の値から，このはかりの測定値は上方に（　3　）がある。

③ この値の偏差平方和は（　4　）であり，不偏分散は（　5　）である。

④ このとき，標準偏差は（　6　）であり，変動係数は（　7　）%である。

【(　1　)，(　2　) の選択肢】

ア．50.1　イ．50.2　ウ．50.25　エ．50.3　オ．50.4

【(　3　) の選択肢】

ア．分散　イ．かたより　ウ．修正　エ．範囲　オ．目盛

【(　4　) ～ (　7　) の選択肢】

ア．0.020　イ．0.032　ウ．0.12　エ．0.16　オ．0.18
カ．0.24　キ．0.32　ク．0.36　ケ．0.42

⑤ 一般に品質管理では，（　8　）に基づく管理を重視する。経験や勘だけに頼らず，（　9　）事実を示すデータを取り，そのデータを整理して工程解析や工程管理を行う。

【(　8　)，(　9　) の選択肢】

ア．抽象的　イ．目視　ウ．測定　エ．事実　オ．思い
カ．客観的　キ．主観的

【問題３】 **次の事例は，ある飲料メーカーで生産された製品である。ロットからサンプル10個を抜き取り，重量を測定した結果が下表の通りである。**

［重量測定結果］　　単位：g

製品No.	1	2	3	4	5
測定値（x）	200.5	200.2	199.8	200.2	199.8
製品No.	6	7	8	9	10
測定値（x）	199.8	200.4	199.7	200.3	200.0

※上表のデータについて下記が計算されている。

・データの合計　$\sum x_i = 2{,}000.7$

・各データ２乗の合計　$\sum x_i^2 = 400{,}280.79$

基本統計量に関する計算で，（　　）に入る最も適切なものを下記選択肢から１つ選び，答えよ。

① データの平均値は（ 1 ），メディアンは（ 2 ），範囲は（ 3 ）である。

② データから得られる偏差平方和（S）は，下記式により求められる。

$$S = (\ 4\ ) - \frac{(\ 5\ )}{n} = (\ 6\ )$$

③ したがって，不偏分散（V）は，次の値である。

$V = (\ 7\ )$

④ 標準偏差（s）は，次の値である。

$s = (\ 8\ )$

【（ 1 ）～（ 8 ）の選択肢】

ア．0.082　イ．0.25　ウ．0.29　エ．0.35

オ．0.74　カ．0.8　キ．0.86　ク．$\sum x_i$

ケ．$\sum x_i^2$　コ．$(\sum x_i)^2$　サ．$(\sum x_i)^3$　シ．1.00

ス．200.1　セ．200.03　ソ．200.05　タ．200.07

【問題4】 **次の文章において，（　　　）に入る最も適切なものを下記選択肢から1つ選び，答えよ。ただし，各選択肢を複数回用いることはない。**

ある母集団の中から製品を5個選んで，その厚さh（mm）を測定したところ，表1.のデータを得た。

表1

製品No.	1	2	3	4	5
測定値(x)	121.3	121.0	120.7	122.6	121.9

平均値x，偏差平方和S，不偏分散V，標準偏差sを求めるにあたり，計算を簡単にするために，変数変換（数値変換）$X=(x-120)\times 10$を行って，表2．を得た。

表2

製品No.	測定値	変換値	
	(x)	$X=(x-120)\times 10$	X^2
1	121.3	13	169
2	121.0	10	100
3	120.7	7	49
4	122.6	26	676
5	121.9	19	361
計	−	75	1,355

上表の変換値を用いて，厚さx（mm）の平均値$\bar{x}$，偏差平方和S，不偏分散V，標準偏差sは下記式により求められる。

① 平均値　$\bar{x}=(\ 1\ )+\dfrac{75}{5}\times\dfrac{1}{(\ 2\ )}=(\ 3\ )$

② 偏差平方和　$S=\left[1{,}355-\dfrac{(75)^2}{5}\right]\times\dfrac{1}{(\ 4\ )}=(\ 5\ )$

③ 不偏分散　$V=\dfrac{(\ 5\ )}{5-1}=(\ 6\ )$

④ 標準偏差　$s=\sqrt{(\ 6\ )}=(\ 7\ )$

【（　1　）～（　7　）の選択肢】

ア．0.50　イ．0.575　ウ．0.758　エ．2.30　オ．3.50
カ．10　キ．100　ク．120　ケ．121.5　コ．1,000

解答と解説（データの取り方とまとめ方）

【問題1】

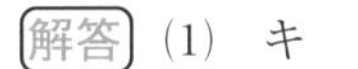

解答 (1) キ　(2) オ　(3) ア　(4) エ　(5) ク
(6) キ　(7) イ　(8) ア　(9) カ　(10) ウ

解説

(1)(2) データには，測定して得られる**計量値**と数えて得られる**計数値**とがある。

(3) 処置を行う対象の集団を**母集団**という。

(4) サンプルを抽出する行為を**サンプリング**という。

(5) 同じ確率になるようにサンプリングすることを**ランダムサンプリング**という。

(6)(7) 平均位置を表す指標として，**平均値**と**メディアン**がある。

(8) 各データから平均値を引いた偏差の二乗の和を**偏差平方和**という。

(9) 偏差平方和を「データ数 − 1」で割ったものを**不偏分散**という。

(10) 不偏分散の平方根を**標準偏差**という。

【問題2】

解答 (1) エ　(2) ウ　(3) イ　(4) エ　(5) イ
(6) オ　(7) ク　(8) エ　(9) カ

解説

(1) **平均値**　$\overline{X}=\dfrac{50.1+50.3+50.2+50.4+50.6+50.2}{6}=\mathbf{50.3}$

(2) 大きさの順に並べ変えると，50.6・50.4・50.3・50.2・50.2・50.1 となる。

メディアン，$Me=(50.3+50.2)/2=\mathbf{50.25}$

(3) はかりの測定値は，平均値が真値よりも大きいので，上方に**かたより**があると考えられる。

(4) **偏差平方和**　$S=(50.1-50.3)^2+(50.3-50.3)^2+(50.2-50.3)^2+(50.4-50.3)^2+(50.6-50.3)^2+(50.2-50.3)^2=\mathbf{0.16}$

(5) **不偏分散**　$V=\frac{S}{n-1}=\frac{0.16}{6-1}=$ **0.032**

(6) **標準偏差**　$s=\sqrt{V}=\sqrt{0.032}=$ **0.18**

(7) **変動係数**　$CV=s／\overline{X}=0.18／50.3=0.0036$　→　**0.36%**

(8) 品質管理では**事実**に基づく管理を重視する。

(9) 経験や勘だけに頼らず、**客観的**事実を示すデータを取ることが大切である。

【問題3】

解答　(1)　タ　　(2)　ス　　(3)　カ　　(4)　ケ　　(5)　コ
　　　(6)　オ　　(7)　ア　　(8)　ウ

解説

基本統計量の値は，本文に記載の各式より求められる。

(1) **平均値**は，下記により求められる。

$\overline{X}=\sum x_i／n=2,000.7／10=$ **200.07**

(2) **メディアン**は，下記により求められる。

データを大きさの順に並べ変え，中央の値を求めると下記になる。

~~200.5~~　~~200.4~~　~~200.3~~　~~200.2~~　200.2　200.0　~~199.8~~
~~199.8~~　~~199.8~~　~~199.7~~

データ数が偶数であるため，5番目と6番目の数を平均すると，メディアン Me が求められる。

$$Me=\frac{200.0+200.2}{2}=\mathbf{200.1}$$

(3) **範囲**は，下記により求められる。

$R=R_{max}-R_{min}=200.5-199.7=$ **0.8**

(4)～(6) **偏差平方和**は，下記により求められる。

$$S=\sum x_i^2-\frac{(\sum x_i)^2}{n}=400,280.79-\frac{(2,000.7)^2}{10}=\mathbf{0.74}$$

(7) **不偏分散**は，下記で求められる。

$$V=\frac{S}{n-1}=\frac{0.74}{10-1}=\mathbf{0.082}$$

(8) **標準偏差**は，下記で求められる。

$s=\sqrt{V}=\sqrt{0.082}=$ **0.29**

【問題 4】

解答 (1) ク　(2) カ　(3) ケ　(4) キ　(5) エ
(6) イ　(7) ウ

解説

本問題文では，計算を簡単にするために，測定値（x）を変数変換（$x \to X$）して，表2．を作成している。解答においては，変数変換された値（X）を元の値（x）に戻す作業が必要である。

(1)〜(3) **平均値**

変数変換の式は $X=(x-120)\times 10$ であるから，変数 X を元の数 x に戻す式は，次のように求められる。

$$X_i=(x_i-120)\times 10 \quad \rightarrow \quad x_i=120+\frac{X_i}{10}$$

平均値も同様に下記式により求められる。

$$\bar{x}=120+\bar{X}\times\frac{1}{10}=120+\frac{75}{5}\times\frac{1}{10}=121.5$$

(4)(5) **偏差平方和**

偏差平方和（S）については，元の寸法を10倍に変換していることと，平方和は元の寸法の2乗により算出しているので，変換後の平方和は，元の寸法の10^2倍の値を示している。よって，偏差平方和（S）は，次式により求められる。

$$S=\left[1{,}355-\frac{(75)^2}{5}\right]\times\frac{1}{100}=2.30$$

(6) **不偏分散**

不偏分散（V）は，下記式により求められる。

$$V=\frac{S}{n-1}=\frac{2.30}{4}=0.575$$

(7) **標準偏差**

標準偏差（s）は，下記式により求められる。

$$s=\sqrt{V}=\sqrt{0.575}=0.758$$

第２章　工程能力指数

出題頻度
★★★☆☆

1 工程能力と工程能力指数

工程能力とは，「**安定状態にある工程において，どの程度のばらつきの品質で生産できるかという能力**」のことです。通常は，「**平均値 ±3*s***」で表します。また，工程能力のレベルを表すのに，工程能力指数 C_p を使います。

○**工程能力**　：どの程度のばらつきで生産できるかという能力

○**工程能力指数**：工程能力のレベルを表す指数

(1) 工程能力指数の算出

<両側規格の場合>

数値の両側に規格がある場合は，規格の幅（上限値－下限値）を標準偏差の６倍で割った値が工程能力指数 C_p となります。

・**工程能力**　$\overline{X} \pm 3s$

・**工程能力指数**　$C_p = \dfrac{S_U - S_L}{6s}$

$\overline{X}$：サンプルの平均値

s：標準偏差

S_U：規格上限値

S_L：規格下限値

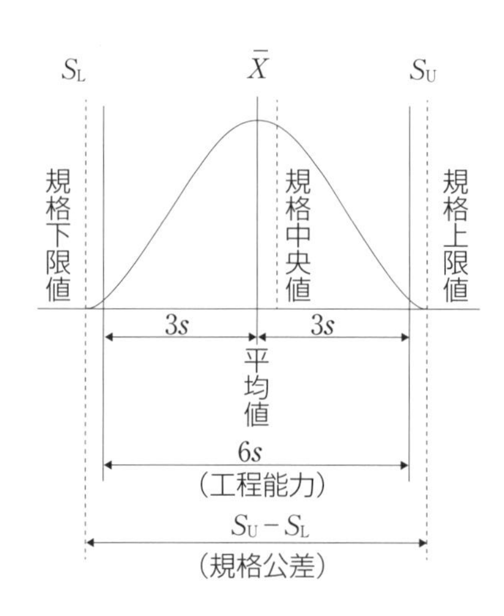

＜片側規格の場合＞

一方，規格が片側にしかない場合の**工程能力指数 C_p** は，工程平均値と規格上限値（もしくは下限値）との関係で求められます。

① 上限規格のみのとき

$$C_p=\frac{S_U-\overline{X}}{3s}$$

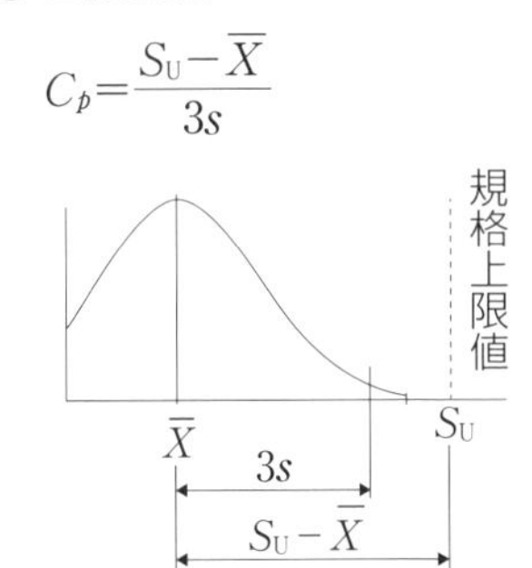

② 下限規格のみのとき

$$C_p=\frac{\overline{X}-S_L}{3s}$$

＜両側規格で，かたよりを考慮した場合＞

また，規格が両側にあっても工程の平均値がかたよっている場合は，工程平均値と規格中央値とのずれ（かたより）を考慮する必要があります。

かたよりを考慮した**工程能力指数 C_{pk}** は，次式により求められます。

① 上限側にかたよりのとき

$$C_{pk}=\frac{S_U-\overline{X}}{3s}$$

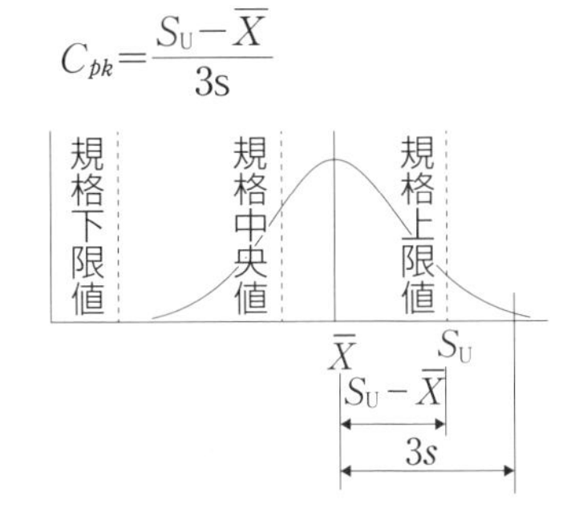

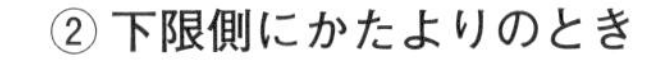

② 下限側にかたよりのとき

$$C_{pk}=\frac{\overline{X}-S_L}{3s}$$

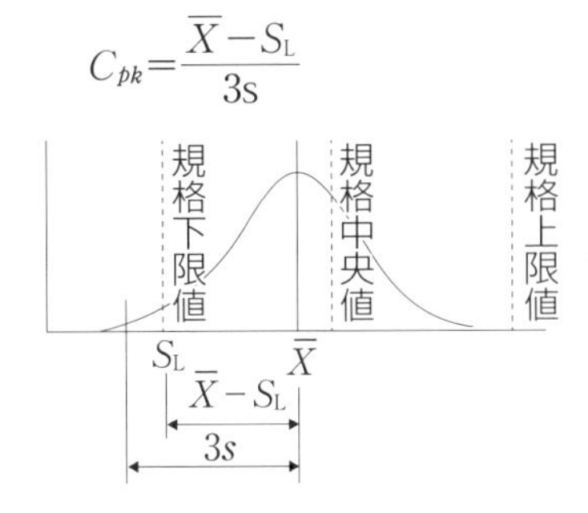

(2) 工程能力指数の評価

工程能力指数は，その値に応じた一般的評価は下表の通りとなります。そして，それぞれに応じた処置が行われます。

[工程能力指数の評価基準]

No.	C_pの値	判　　定
1	$C_p \geqq 1.67$	工程能力は十分すぎる。※99.9999%
2	$1.67 > C_p \geqq 1.33$	工程能力は十分である。※99.99%
3	$1.33 > C_p \geqq 1.00$	工程能力は十分とは言えないが，まずまずである。　※99.73%
4	$1.00 > C_p \geqq 0.67$	工程能力は不足している。　※95.4%
5	$0.67 > C_p$	工程能力は非常に不足している。※68.3%

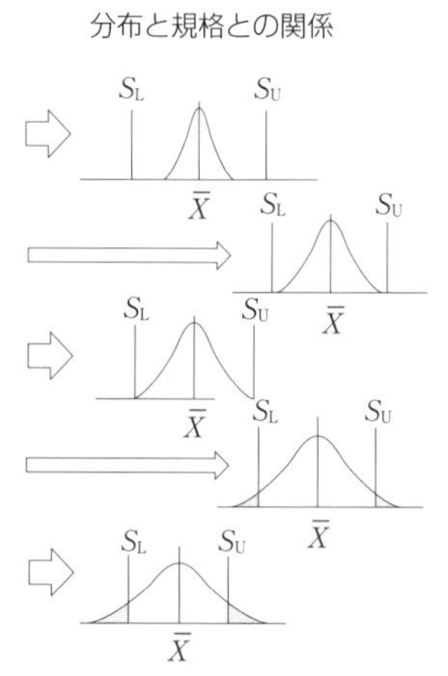

※本数値は，規格内に入る確率です。（「第６章 統計的方法の基礎」を参照）

上表に示すように，**工程能力指数 C_p 値は1.33以上であれば十分**とされています。そして，**1.00未満では不足している**と判断され工程改善が必要とされています。

2 工程能力指数の活用事例

【例題 1】

ある製品を製造している工程がある。この製品の重量の規格は，50.0±1.0g である。工程からサンプルを抽出して，製品重量の平均値と標準偏差を求めたところ，下記通りであった。

・平均値　$\overline{X}=50.3$g

・標準偏差　$s=0.30$g

① 工程能力指数 C_p を求め，工程能力を評価せよ。

② かたよりを考慮した工程能力指数 C_{pk} を求め，工程能力を評価し対応策を示せ。

[解答]

① 両側規格であるので，工程能力指数 C_p は次式で求められる。

（規格＝50.0±1.0であるから，$S_U=51.0$　$S_L=49.0$である）

$$\boldsymbol{C_p}=\frac{S_U-S_L}{6s}=\frac{51.0-49.0}{6\times0.30}=\mathbf{1.11}$$

以上より，$C_p=1.11$の値は評価基準により，**「工程能力は充分とは言えないが，まずまずである」**となる。

② かたよりを考慮した工程能力指数 C_{pk} は，平均値が規格の上限側にかたよっているので，次式で求められる。

$$\boldsymbol{C_{pk}}=\frac{S_U-\overline{X}}{3s}=\frac{51.0-50.3}{3\times0.30}=\mathbf{0.778}$$

以上より，かたよりを考慮すると，$C_{pk}=0.778$の値は評価基準により，**「工程能力は不足している」**となり，改善の必要がある。改善の順序としては，**まず平均値を規格の中心値50.0に近づけることを考え，できない場合は，ばらつきを小さくする方法をとる。**

★改善の順序として，下線部のこの順序は重要である。

【例題２】

ある加工食品を製造している工程がある。工程からサンプル100個を抽出して，重さを測定した結果は，下記通りであった。

・平均値　　$\overline{X}=99.6\text{g}$

・標準偏差　$s=0.25\text{g}$

以下，２通りの規格値の与えられ方において，各問に答えよ。

① 規格は，上限規格 S_U のみが与えられているとする。

$S_U=101.0\text{g}$ であるとしたときの工程能力指数 C_p を求め，工程能力を評価し対応策を示せ。

② 規格は，下限規格 S_L のみが与えられているとする。

$S_L=99.0\text{g}$ であるとしたときの工程能力指数 C_p を求め，工程能力を評価し対応策を示せ。

［解答］

① 上限規格であるので，工程能力指数 C_p は次式で求められる。

$$\boldsymbol{C_p}=\frac{S_U-\overline{X}}{6s}=\frac{101.0-99.6}{3\times0.25}=\mathbf{1.87}$$

以上より，$C_p=1.87$の値は評価基準により，**「工程能力は十分すぎる」**となる。**状況により，管理の簡素化・管理工数の削減などを行う**。

② 下限規格であるので，工程能力指数 C_p は次式で求められる。

$$\boldsymbol{C_p}=\frac{\overline{X}-S_L}{3s}=\frac{99.6-99.0}{3\times0.25}=\mathbf{0.800}$$

以上より，$C_p=0.800$の値は評価基準により，**「工程能力は不足している」**となる。**いったん製造を停止して，工程改善をする必要がある。**

第2章のチェックポイント

（1）工程能力とは，どの程度のばらつきで生産できるかという能力であり，右記式で表される。　$\overline{X} \pm 3s$

（2）工程能力指数 C_p とは，工程能力のレベルを表す指数であり，下記式で表される。

【両側規格の場合】・$C_p = \dfrac{S_U - S_L}{6s}$

【片側規格の場合】・上限規格時　$C_p = \dfrac{S_U - \overline{X}}{3s}$

・下限規格時　$C_p = \dfrac{\overline{X} - S_L}{3s}$

（3）両側規格でかたよりを考慮した場合の工程能力指数 C_{pk} は，下記式で表される。

【かたよりを考慮したとき】

・上限側にかたよりのある場合　$C_{pk} = \dfrac{S_U - \overline{X}}{3s}$

・下限側にかたよりのある場合　$C_{pk} = \dfrac{\overline{X} - S_L}{3s}$

（4）工程能力指数の評価は，下記通りである。

・$C_p \geqq 1.67$のとき：工程能力は十分すぎる。
・$1.67 > C_p \geqq 1.33$のとき：工程能力は十分である。
・$1.33 > C_p \geqq 1.00$のとき：工程能力は十分とは言えないが，まずまずである。
・$1.00 > C_p \geqq 0.67$のとき：工程能力は不足している。
・$0.67 > C_p$ のとき：工程能力は非常に不足している。

演習問題〈工程能力指数〉

【問題１】 **次の文章において，(　　) 内に入る適切なものを下記選択肢から１つ選び，答えよ。ただし，各選択肢を複数回用いることはない。**

① A 社では，製品のデータが規格の公差に対して，どれ位の余裕をもって生産がされているのかを調べるために，毎月のデータから（ 1 ）の値を計算して，評価している。これは，規格幅（規格上限値と規格下限値の差）を実際の製品データが示すばらつきを基に算出した（ 2 ）の値で割ったものである。

② A 社では（ 1 ）を，十分に余裕のある値となるように，通常，（ 3 ）以上となるよう管理している。また，（ 1 ）の数値を評価するだけでなく，ばらつきの分布状況を視覚的に把握するために，（ 4 ）を作成して，分布形状からの評価も行っている。

【(1 ）～（ 4 ）の選択肢】

ア．レーダーチャート　イ．$4s$　ウ．1.33　エ．0.86
オ．工程能力指数　カ．$6s$　キ．ヒストグラム　ク．パレート図

③ 偏差平方和 S が80.0，データ数 n が21の場合，標準偏差 s は（ 5 ）

④ 標準偏差が2.40，平均値が10.0の場合，変動係数 CV は（ 6 ）%

⑤ 平均値 $\overline{X}$ が20.3，標準偏差 s が0.10，上限規格 S_U が20.6，下限規格 S_L が19.4であるとき，工程能力指数 C_p は（ 7 ），C_{pk} は（ 8 ）となる。

【(5 ）～（ 8 ）の選択肢】

ア．0.33　イ．0.67　ウ．1.00　エ．2.00　オ．3.00
カ．5.0　キ．6.0　ク．7.0　ケ．12.0　コ．24.0

【問題2】 **次の文章において，(　　　) 内に入る最も適切なものを下記選択肢から選び，答えよ。ただし，各選択肢は複数回用いてもよい。**

ある部品の特性値をグラフを使って管理している。工程は統計的管理状態にある。N＝100のデータでヒストグラムを作成したところ，平均値38.0　標準偏差2.00であった。
特性値の分布は正規分布とみなして良い。規格値は40±6.0である。

① 工程能力指数 C_p 値を計算すると（　1　）となった。また，平均のかたよりを考慮した C_{pk} は（　2　）となった。

② 仮に，平均値が規格の中心に一致していたとすると，C_p は（　3　），C_{pk} は（　4　）である。

【(　1　) ～ (　4　) の選択肢】
ア．0.30　　イ．0.50　　ウ．0.67　　エ．1.00
オ．1.50

③ ①において，平均値を自由に調節できない場合，平均値が38.0のままで，C_{pk}＝1.33を確保するためには，標準偏差が（　5　）になるよう改善しなければならない。

④ 例えば，工程能力指数 C_p が1.00であるとき，これは（　6　）が6sに一致していることを表している。このとき，規格外れになる確率は，約（　7　）％である。

【(　5　) ～ (　7　) の選択肢】
ア．0.1　　イ．0.2　　ウ．0.3　　エ．0.4　　オ．0.50
カ．0.65　　キ．0.70　　ク．0.75　　ケ．1.00　　コ．規格の幅
サ．3σ　　シ．4σ

【問題３】　**次の文章において，（　　　）に入る最も適切なものを下記選択肢から１つ選び，答えよ。**

クランク軸受部品Ｍは軸部品を挿入する関係で，精密部品として内径寸法を管理している。内径寸法の規格は12.50±0.20mm である。部品Ｍの内径寸法は正規分布に従っていて，標準偏差は0.06mm である。この時の工程能力指数 C_p 値は（　1　）である。しかしながら，平均値が上側規格値にかたよっていて，C_{pk}＝0.50である。これより，平均値は（　2　）mm で，規格の中心から（　3　）mm ずれているということが言える。

【選択肢】

ア．0.11　　イ．0.20　　ウ．0.30　　エ．0.40　　オ．1.00
カ．1.11　　キ．1.33　　ク．12.50　　ケ．12.61　　コ．12.70

【問題４】　**次の文章において，（　　　）に入る最も適切なものを下記選択肢から１つ選び，答えよ。**

製品Ｈにおいて，無作為に抽出した100個の重量を測定したところ，平均値が15.5g，標準偏差が 0.10g であった。また，工程は管理されており，重量の分布は正規分布とみなして良い。この製品の規格上限値16.0g，規格下限値は15.3g である。

① この工程における工程能力指数 C_p 値は（　1　），かたよりを考慮した C_{pk} は（　2　）となる。

② 工程能力指数 C_p ＝1.33 とするためには，標準偏差が（　3　）になるように改善しなければならない。

③ ここで，平均値を自由に動かせないとき，平均値が15.5g のままで C_{pk} ＝1.33とするためには，標準偏差を（　4　）に改善する必要がある。

【選択肢】

ア．0.025　　イ．0.050　　ウ．0.088　　エ．0.585　　オ．0.667
カ．1.000　　キ．1.167　　ク．1.250　　ケ．1.333　　コ．1.667

解答と解説（工程能力指数）

【問題1】

解答 (1) オ　(2) カ　(3) ウ　(4) キ　(5) エ
(6) コ　(7) エ　(8) ウ

解説

(1) 安定状態にあるか否かの判断に，**工程能力指数**はとても有効である。

(2) 工程能力指数は，**C_p＝（規格上限値 － 規格下限値）／（6s）**である。

(3) **C_p＝1.33以上であれば，工程能力は十分であるとなる。**

(4) 分布状態を視覚的に把握する道具として，**ヒストグラム**が有効である。

(5) **標準偏差**　$s=\sqrt{(80.0/(21-1))}$＝**2.00**

(6) **変動係数**　CV＝（2.4／10.0）×100＝**24.0%**

(7) **工程能力指数**　C_p＝（20.6－19.4）／（6×0.10）＝**2.00**

(8) **工程能力指数**　C_{pk}＝（20.6－20.3）／（3×0.10）＝**1.00**

【問題2】

解答 (1) エ　(2) ウ　(3) エ　(4) エ　(5) ケ
(6) コ　(7) ウ

解説

(1) **工程能力指数**　C_p＝（46.0－34.0）／（6×2.00）＝**1.00**

(2) **工程能力指数**　C_{pk}＝（38.0－34.0）／（3×2.00）＝**0.67**

(3) 平均値と規格中央値が一致していても，**C_p 値は変わらない。**

(4) 平均値と規格中央値が一致してるので，**C_{pk} 値は C_p 値と同じ**である。

(5) C_{pk} 値を求める式は右記通りである。$C_{pk}=\dfrac{\overline{X}-S_L}{3s}$

この式に，求める標準偏差 s を未知数として，目標とする値「C_{pk}＝1.33，$\overline{X}$＝38.0　S_L＝34.0」を代入すると，下記通りになる。

$$1.33\leqq\frac{38.0-34.0}{3s}$$

したがって，上式を s の式に変形して求めると下記となる。

$$s\leqq\frac{38.0-34.0}{3\times1.33}=1.00$$

よって，**C_{pk}=1.33の確保には，標準偏差1.00以下**が必要である。

(6) C_p 値が1.00とは，$C_p=\frac{S_U-S_L}{6s}=\frac{規格値の幅}{6s}$ であることより，**規格値の幅が6s に一致する**ということを表している。

(7) 規格値内が99.7%である（「工程能力指数の評価基準」参照）から，**規格外れは0.3%**である。

【問題3】

解答　(1)　カ　　(2)　ケ　　(3)　ア

解説

(1) **工程能力指数**　$C_p=\frac{S_U-S_L}{6s}=\frac{12.70-12.30}{6\times0.06}=$**1.11**

(2)(3) 平均値が上方にかたよっていることにより，

C_{pk} を求める式は，右記通りである。 $C_{pk}=\frac{S_U-\overline{X}}{3s}$

上式において，求める平均値 $\overline{X}$ を未知数として，他の記号に数値を代入すると，右記通りになる。 $0.50=\frac{12.70-\overline{X}}{3\times0.06}$

したがって，**平均値** $\overline{X}=12.70-3\times0.06\times0.50=$**12.61**となる。

また，規格中央値からの**ずれ量**は，12.61－12.50=**0.11**となる。

よって，**平均値は12.61mm で規格中央値から0.11mm ずれている**。

【問題4】

解答　(1)　キ　　(2)　オ　　(3)　ウ　　(4)　イ

解説

(1) **工程能力指数**　C_p＝（16.0－15.3）／（6×0.10）＝**1.167**

(2) **工程能力指数**　C_{pk}＝（15.5－15.3）／（3×0.10）＝**0.667**

(3) 工程能力指数 C_p 値を求める式において，**標準偏差 s を未知数**として，他の記号に数値を代入すると，右記通りになる。 $1.33=\frac{16.0-15.3}{6\times s}$

したがって，s＝（16.0－15.3）／（6×1.33）＝**0.088**

(4) 工程能力指数 C_{pk} の式に，求める**標準偏差 s を未知数**として，他の記号に数値を代入すると，右記通りになる。 $1.33=\frac{15.5-15.3}{3\times s}$

したがって，s＝（15.5－15.3）／（3×1.33）＝**0.050**

第3章 QC七つ道具

出題頻度
★★★★★

品質管理活動においては，データを目的に合わせて収集し，しっかりとした情報に加工することは，とても大切です。職場における問題を解決する手法は数多くあるが，特に手軽で簡単に使えるものが，QC七つ道具です。この手法は，見た目に分かりやすく，使いやすいものばかりです。

※なお本来，**QC七つ道具**には管理図も含まれますが，管理図については第4章に記載しています。

No.	手法	主な特徴	用途例
1	**パレート図**	・問題発生の要因別に，影響度の高い順に並べることにより，重要な要因が何かが分かる。	・テーマ選定 ・現状把握 ・対策効果確認
2	**特性要因図**	・問題の要因を洗い出し，その要因を分類して，原因と結果の関係を整理したものである。通称「魚の骨」と呼ばれる。	・問題に対する要因分析 ・課題に対する対策検討
3	**チェックシート**	・データの記録，集計，整理を容易にして，簡単に記録を取れるようにした用紙である。	・工程内のデータ記録・各職場での始業チェックなど
4	**ヒストグラム**	・データのバラツキ状態を，区間に分けて棒グラフで表わしたもの。	・現状把握データ整理・要因解析データ整理
5	**グラフ**	・データを図表化し，全容が一目でわかるようにしたもの。棒グラフ，折れ線グラフ，円グラフ，帯グラフ など。	・現状把握 および対策効果確認
6	**散布図**	・対応する2つのデータを，横軸と縦軸の2軸の関係で表わしたもの。	・要因解析などのデータ分析
7	**層別**	・データの共通点や特徴に着目して，いくつかのグループに分けることをいう。	・要因解析などのデータ分析

1 パレート図

パレート図とは，不具合やクレームの発生件数や損失金額などを，項目別・原因別に分類して**大きさの順に並べた棒グラフと，その累積百分率を示す折れ線グラフを組み合わせたもの**です。

私たちの周りには多くの問題が有り，どこから手を付けて良いか分からないことが有ります。このとき，状況を明らかにして重要な点から実行することが，とても大切になります。こんなときに，**パレート図**が役に立ちます。

＜作成例＞

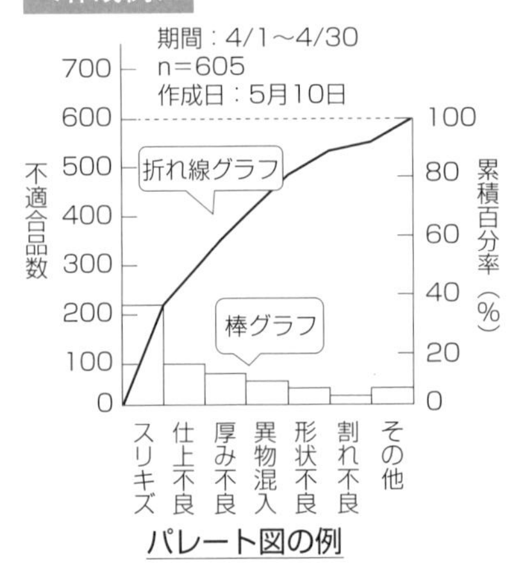

パレート図の例

＜作成手順＞

① 分類項目を決めてデータを集める。
② 項目ごとに数を数える。
③ データを数の多い順に並べ替えて棒グラフ化する。
　※その他の項目は右端に配置。
④ データの累積百分率を折れ線グラフで表す。
　（累積曲線）
⑤ 必要事項を記入する。

［データ表］

No.	不適合項目	不適合品数	不適合品数累計	不適合品数百分率	不適合品数累積百分率
1	スリキズ	201	201	33.2%	33.2%
2	仕上不良	107	308	17.7%	50.9%
3	厚み不良	98	406	16.2%	67.1%
4	異物混入	75	481	12.4%	79.5%
5	形状不良	50	531	8.3%	87.8%
6	割れ不良	22	553	3.6%	91.4%
7	その他	52	605	8.6%	100.0%
–	合計	605	605	100.0%	100.0%

＜活用のポイント＞

① タテ軸に取り上げる特性値は，**できるだけ金額で表現する**。

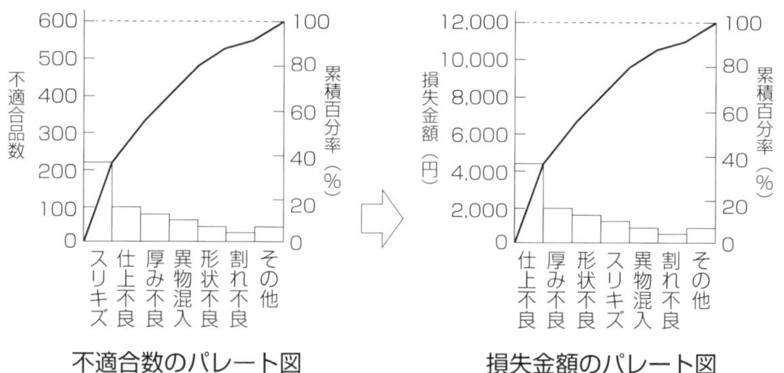

② パレート図は，改善活動後の**効果把握にも活用する**。

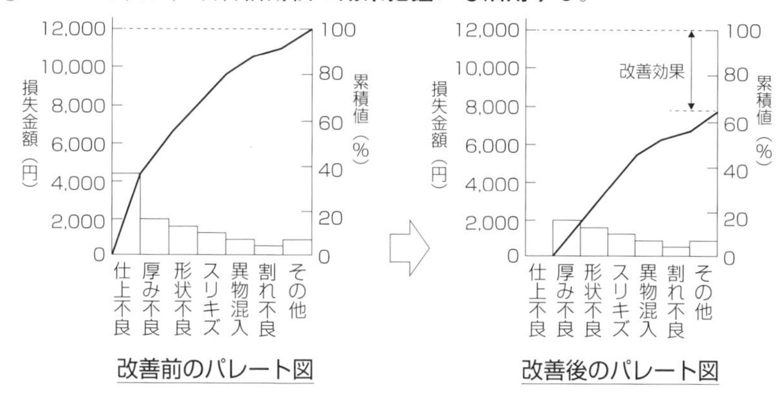

＜用　途＞

① **重要な問題点を発見**したいとき

各職場などで，山積している多くの問題点の中から特に重要な問題点が抽出できて，効率的に改善活動が進められる。

② **問題の原因を調査**したいとき

製品不良や設備故障などで原因別パレート図を作成して，解決の糸口をつかめて対策が立てやすくなる。

③ **改善や対策の効果を確認**したいとき

改善前と改善後のパレート図を比較して，改善効果が把握できる。

2 特性要因図

特性要因図とは，**問題（結果）とそれに影響を及ぼす要因との関係を系統的にわかりやすく表した図**です。魚の骨状に表したものです。職場の問題解決や工程改善などに活用できます。

＜作成例＞

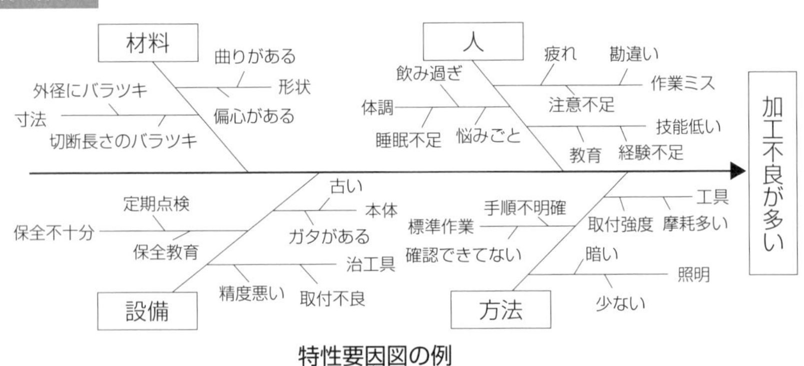

特性要因図の例

＜作成手順＞

① 改善テーマ（問題点）を決める。
② 問題発生の大きな要因を，4M（人，機械設備，部品・材料，作業方法）などをベースに記入する。
③ 大骨の要因の要因となる中骨を，更に中骨の要因の要因となる小骨を記入する。
④ 出来上がったら，全員で再度全体を眺めてチェックする。
⑤ 影響度の大きな要因にマークをつける。

4M　4M
中骨　大骨
背骨　小骨
改善テーマ
大骨
4M　4M

＜作成のポイント＞

① できるだけ多くの人の意見を集める。
② すべての要因を洗い出す。
③ 要因列挙は，ブレーンストーミング（a.批判厳禁　b.自由奔放　c.多数歓迎　d. 結合改善）の4原則で進める。

※ブレーンストーミングとは

何人か人が集まり，グループの効果を生かして，次から次へとアイデアの連鎖反応を引き起こし，よりよいアイデアに発展させる方法である。

(1) 批判厳禁

出されたアイデアに対して，批判をしてはいけない。

(2) 自由奔放

アイデアは滑稽なもの，奇抜なものほど良い。

(3) 多数歓迎

アイデアは数が多ければ，多いほど良い。

(4) 結合改善

他人のアイデアに便乗したり，2つのアイデアを結合させても良い。

<用　途>

① 工程の解析や改善

不適合品発生時，悪い結果に影響を及ぼす要因を特性要因図に表す。そして，特定した原因を見つけて対策につなげられる。

② 工程の管理内容決定

品質特性とそれに影響を及ぼす要因との関係を特性要因図で明らかにすることにより，品質を確保する管理ポイントが決定できる。

③ 新人の教育・訓練

新人作業者の工程理解や，管理ポイントの習得促進など，教育・訓練に活用できる。

3 チェックシート

チェックシートとは，**必要な項目や枠が事前に記載され，簡単に記録を取ることができるようにしたシート**のことです。チェックシートを活用して，データ収集の作業を効果的かつ効率的に行うことができます。

＜作成例＞

外径寸法 チェックシート		品名	シャフト	測定器	ノギス
		規格	5.75±0.15	測定者	高野
No.	区間	中央値	チェック数		度数
1	5.60〜5.65	5.625	/		1
2	5.65〜5.70	5.675	///		3
3	5.70〜5.75	5.725	卌　卌　/		11
4	5.75〜5.80	5.775	卌　////		9
5	5.80〜5.85	5.825	//		2
6	5.85〜5.90	6.875			0

チェックシートの例

＜作成手順＞

① 目的を明確にする。
　　問題状況から，どんなデータが必要かを考える。
② チェック項目を決める。
　　過去の実績や経験に基づいて，項目を決める。
③ チェック方法を標準化する。
　　チェックシートを作成し，チェック方法を決める。
④ チェックを実施する。
　　チェックを実施し，○・×・✔などを入れていく。
⑤ データを分析する。
　　データを集計し，パレート図やグラフで分析する。

＜作成のポイント＞

品質管理では，「事実に基づいてデータでものをいう」のが重要です。データを取るには手間がかるため，日々の仕事に追われて，勘や経験だけで判断しがちです。そのため，正しくタイムリーにデータが取れるチェックシートであることがポイントです。

<用 途>

① **調査用チェックシート**

何らかの目的のために調査し，分布の形や不適合の発生状況などを把握するのに使用します。

・**不適合項目調査用チェックシート**

どんな不適合項目が多く発生しているかを調べるためのもの。

項 目	1日	2日	3日	4日	5日	小 計
メッキ不良	//			//	卌 /	10
異物混入			卌			5
打ちキズ	///	/		/	//	7
汚れ		卌 /	///		/	10
その他	//	/		///	////	10
小 計	7	8	8	6	13	42

・**不適合要因調査用チェックシート**

不適合の発生状況を要因別などに分類するためのもの。

設 備	作業者	1日	2日	3日	4日	5日	小 計
A	田中	○○	○		○	○	5
	山田	○×		○×			4
B	鈴木	○△	△		△	△×	6
	森山	××		×△	×	△	6
小 計		8	2	4	3	4	21

不適合要因 ○：キズ △：汚れ ×：割れ

・**度数分布調査用チェックシート**

該当する特性値にチェックを入れてデータをとっていくもの。（値の中心やばらつきなど分布状態が分かる）

外径寸法チェックシート		名	シャフト	測定器	ノギス
		規格	5.75±0.15	測定	高野
No.	区間	中央値	チェック数		度数
1	5.60～5.65	5.625	/		1
2	5.65～5.70	5.675	///		3
3	5.70～5.75	5.725	卌 卌 /		11
4	5.75～5.80	5.775	卌 ////		9
5	5.80～5.85	5.825	//		2
6	5.85～5. 0	6.875			0

・**不適合位置調査用チェックシート**

対象製品のスケッチなどに不適合発生位置をチェックするもの。

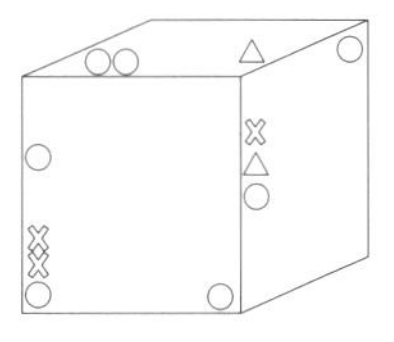

○キズ
△汚れ
⊠割れ

② **点検用チェックシート**

日常の仕事管理など，点検項目をあらかじめ決めておいて，点検を行っていくためのものです。

・**設備点検用チェックシート**

機械・設備を維持・管理するためのもの。

・**点検確認用チェックシート**

点検・確認を漏れなくチェックするためのもの。

No.	項 目	9/1	9/2	9/3	9/4	9/5
1	油量は正常範囲か	○	○	○		
2	クラッチ作動は正常か	○	○	○		
3	空気圧力はレベル範囲内か	○	○	○		
4	ボルトのゆるみは無いか	○	○	○		
	⋮	○	○	○		
	⋮					
		田中	山本	鈴木		

4 ヒストグラム

ヒストグラムとは，**横軸にデータの区間を取り，縦軸にデータの出現頻度を棒グラフで表した図**です。また，グラフに規格値の線を記入することにより，規格に対するばらつきの程度が分かります。品質管理の基本はバラツキを抑えることです。そのため，特性値の変動を把握することはとても大切です。

＜作成例＞

ある部品の長さ寸法のデータをヒストグラムに表したのが，右の図です。

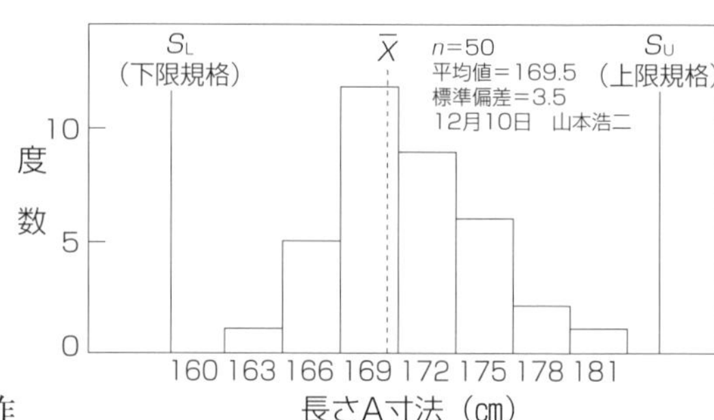

ヒストグラムの例

＜作成手順＞

一般的なヒストグラムの作成手順は，下記の通りです。

①管理特性を決める。
②デ ータを集める（層別をしっかりと行う）。
③最大値，最小値を確認する。
④区間の数，区間の幅，境界値を決める。
　※区間の幅は測定単位の整数倍であること
⑤区間ごとにデータ数をカウントする。
⑥データをグラフ化する。
⑦平均値や規格値，データ数などを記入する。

区間の幅
上限境界値
下限境界値

事例

データ数：35　測定単位：１ cm
最小値：162cm　最大値：179cm

※区間の数，区間の幅，境界値の求め方

・区間の数　$h \fallingdotseq \sqrt{（データ数）}$　→　$\sqrt{35}=5.9$　→　6

・区間の幅　$c=\dfrac{最大値-最小値}{区間の数}$　→　$\dfrac{179-162}{6}=2.8 \rightarrow 3.0$（※）

※測定単位の整数倍

・下限境界値 ＝ 最小値 $-\dfrac{測定単位}{2}$　→　$161-\dfrac{1}{2}\times 1=161.5$

※区間の幅は測定単位の整数倍であることにより，3.0になる。

・下限境界値 ＝ 最小値 $-\dfrac{測定単位}{2}$　→　$161-\dfrac{1}{2}\times 1=161.5$

＜活用のポイント＞

ヒストグラムが活用できる場面としては，次のようなものがあります。

① 全体の分布状態を眺めて，工程異常の有無を確認する。
（左右対称的な一般的形状であるかどうかを見ます）

② 規格外れが無いかどうかを確認する。
（外れ値有りの場合，平均値の問題か，バラツキの問題かを見ます）

③ 機械別・原材料別など層別したヒストグラムから，バラツキや片寄りの原因を調べる。（全体ヒストグラムでは分からないことが，層別することにより見えてきます）

④ 改善後のデータを記入して，改善効果を把握する。

＜ヒストグラムの形と見方＞

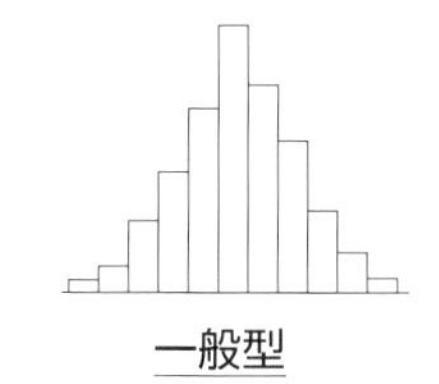

一般型

左右対称で工程は安定している

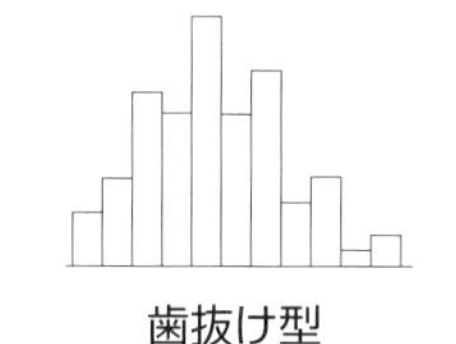

歯抜け型

目盛の読み方のミスや区間幅と測定単位のミスマッチ
↓
測定や目盛りの再確認

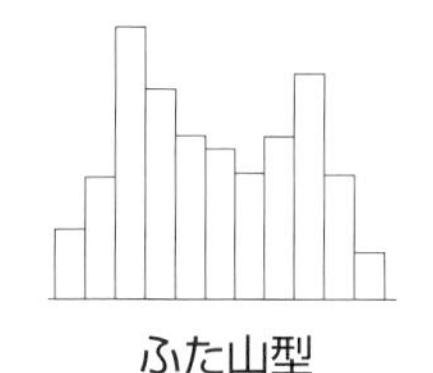

ふた山型

平均値の異なる２つの分布が混在している
↓
データの層別確認

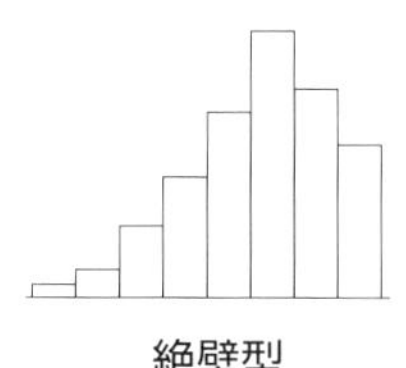

絶壁型

右端のデータが表示されていない
↓
右端の除外されたデータの再確認

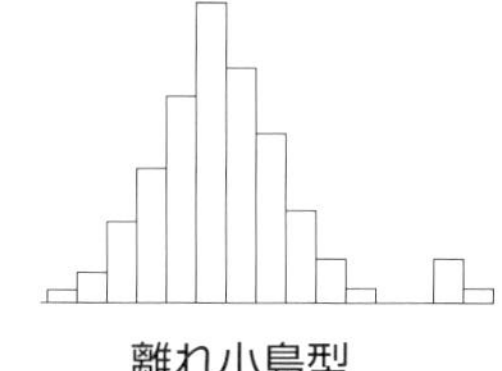

離れ小島型

一部のデータが離れた位置にある
↓
工程の変化や異種混入の可能性あり

5 グラフ

グラフとは，**データを図形で表し，数値の大小の変化を表したり，数量の大きさ比較を表したりする図**です。折れ線グラフ，棒グラフ，円グラフなどがあります。

現代は感覚の時代と言われ，目や耳などに直接訴えることによって，物事が理解し易くなります。QC 七つ道具の1つである**グラフ**が使われるのも，この理由によります。

<作成例>

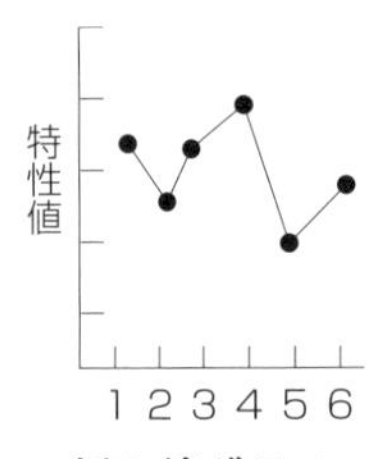

折れ線グラフ

特徴
- 時間的な変化を表すのに適している。
- 「管理図」は，折れ線グラフで表わす。

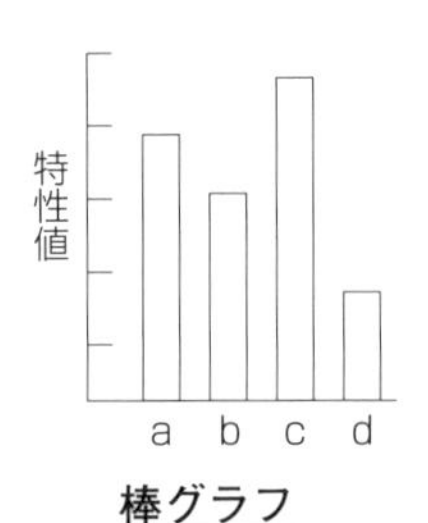

棒グラフ

- 数量の大小を比較するのに適している。
- 「ヒストグラム」「パレート図」などがある。

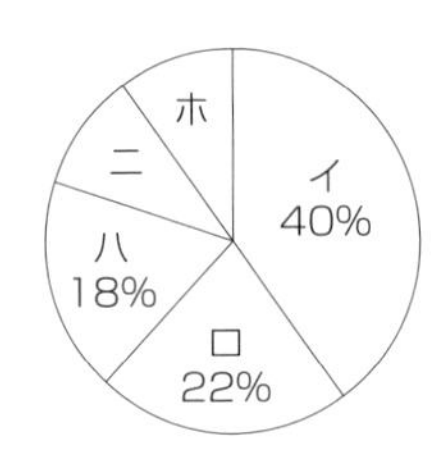

円グラフ

- データ全体を100%として，データ内訳の割合を表すのに適している。

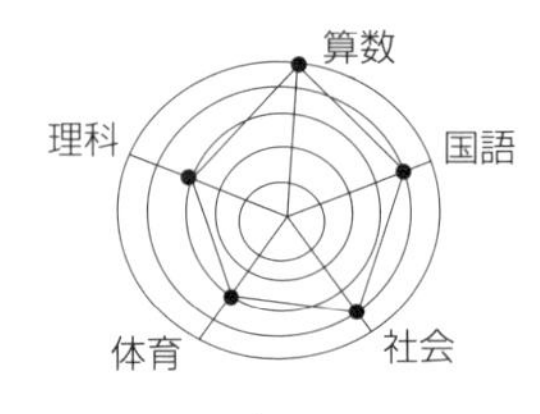

レーダーチャート

特徴
- 中心線からの距離により，項目別のバランス状態を見たいときに使用します。

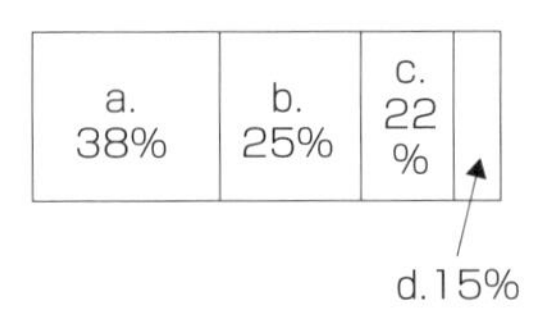

帯グラフ

- データ全体を長方形の全長として，データの内訳の割合を表わすのに適しています。

<作成手順>

一般的なグラフの作成手順は，下記通りです。

①「何のために」「誰に見せるのか」「活用の目的は」などを十分に検討した上で，そのネライに沿ったグラフを選択する。

② 目的に沿ったデータを収集し，平均値・割合・偏差などを計算する。

③ グラフを作成し，簡潔で分かり易い標題を決めて表示する。

<グラフの効果>

① 数字の視覚化

数の大小，全体と部分の関係，時間的変化などが視覚化できる。情報をより早く，より深く理解するのに役に立つ。

② 直感的な把握

文字や数字では表現できない状況までも表現でき，内容の直感的把握に役に立つ。

③ 読む労力からの開放

記述性には乏しいが，「読む」という労力から我々を解放してくれる。

④ 興味の喚起

読者の目を引き，興味を持たせることが可能。色んなPRや説得資料として活用できる。

⑤ 作成が簡単

高度な数学的知識が無くても，複雑な計算をすることなく，誰でも簡単に作図できる。

6 散布図

散布図とは，**関係の有りそうな2種類のデータをそれぞれ縦軸と横軸に配置して，各データの交点をプロットした図**です。

来客数と売上高，勤続年数と給与，ある成分量と強度など対応するデータの関係を表し，2つのデータの間に関係があるかどうかを見ます。

＜作成例＞

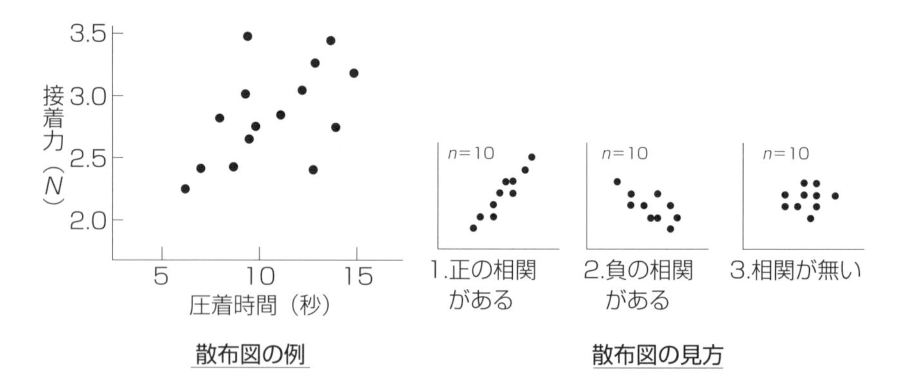

散布図の例　　散布図の見方

＜作成手順＞

一般的な散布図の作成手順は，下記通りです。

① 対になったデータを集める。

② 横軸（x）と縦軸（y）の目盛を設定する。

③ データをプロットする。

④ 必要事項を記入する。

＜散布図をみるときの注意点＞

① 異常な点がないか

他から飛び離れた点が無いかをチェックし，有れば原因を徹底的に調査する。

② 層別する必要はないか

原料別・装置別・地域別などに分けてプロットすると，新たな相関情報が得られることが有る。

7 層別

層別とは，**データの共通点やクセ・特徴に着目して，２つ以上のグループに分けること**です。

層別の必要なデータを層別せずに解析しようとしても，何の手がかりも得られないばかりでなく，誤った判断をする可能性が有ります。データを扱うときに注意しましょう。

＜作成例＞

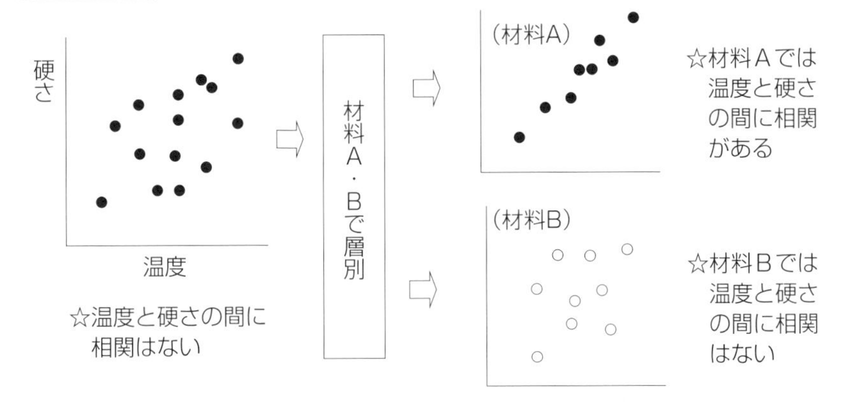

層別の例

＜作成方法＞

特性要因図などを手がかりにして，影響の大きそうな重要な要因を絞り出し，これらについてデータを層別します。職場でよく使われている層別の項目には，次のようなものが有ります。

① **原材料**：購入先，購入日，製造ロット
② **設備**　：型式，ライン，治工具，作業者
③ **時間**　：月，日，午前／午後，曜日
④ **環境**　：気温，湿度，天候，明るさ，場所

第3章のチェックポイント

（1）パレート図とは，問題発生の要因別に，影響度の高い順に並べた棒グラフとともに，累積和を折れ線グラフで表した図である。**問題解決の優先順位の把握に有効**である。

（2）特性要因図とは，問題の結果（特性）と要因の関係を体系的に整理したものである。**問題の因果関係を整理して原因の究明に有効**である。整理する項目（大骨）として，生産の4M（人・設備・材料・方法）が良く使用される。

（3）チェックシートとは，データの記録・集計・整理が容易になるように，簡単に記録できるようにしたものである。**手間をかけずに記録・集計ができる**。

（4）ヒストグラムとは，データのバラツキ状態をいくつかの区間に分けて，棒グラフで表わしたものである。**データの分布状態（中心値，ばらつき，分布の形）を把握するのに有効**である。

（5）グラフとは，データを図表化し，**データの全体が一目で理解するのに有効**である。棒グラフ，折れ線グラフ，円グラフ，帯グラフなどがある。

（6）散布図とは，対応する2つのデータを，横軸と縦軸の2軸の関係で表わしたものである。**2つのデータ間の相関関係の有無確認などに使用**される。

（7）層別とは，データの共通点や特徴に着目して，いくつかの層（グループ）に分けることをいう。層別により，**不具合原因究明のヒントが得られる**。層別項目として，作業別・設備別・材料別・作業者別などがある。

演習問題〈QC 七つ道具〉

【問題１】 **次の文章において，（　　　）内に入る最も適切なものを下記選択肢から１つ選び，答えよ。ただし，各選択肢を複数回用いることはない。**

① 加工部品のデータに，機械Ａと機械Ｂが含まれていたために（　1　）をした。その結果，機械Ｂでばらつきが大きいことが分かった。

② 工程で発生した不適合を削減するために，まず（　2　）を使って，工程の不適合発生状況を示すデータを収集した。

③ 収集した不適合データについて（　3　）を作成し，重点指向の考えに基づいて，最も多く発生していた塗膜厚さ不良を改善対象とした。

④ 塗膜厚さ不良の問題解決を図るために，メンバー全員でブレーンストーミング法で意見を出し合い，発生要因について（　4　）を作成すると，塗料の粘度に問題があるのではとの意見がまとまった。

⑤ 塗料の粘度のばらつき状態を調べるために（　5　）を作成して，分布の形に問題が無いことを確認し，工程能力指数を求めて評価した。

⑥ さらに，粘度と塗膜厚さの２つの関係を調べるために（　6　）を作成すると，相関関係のあることが分かった。

⑦ 日々の粘度データを使って（　7　）を作成し，管理外れを改善していったところ，塗装工程の品質を安定状態にすることができた。

⑧ 月毎の売上高の推移を把握するために（　8　）を作成した結果，４月～以降の売上高が減少していることが分かった。

【選択肢】

ア．パレート図　イ．チェックシート　ウ．層別　エ．折れ線グラフ
オ．特性要因図　カ．散布図　キ．管理図　ク．ヒストグラム

【問題 2】　QC 七つ道具に関する次の文章で正しいものには○，正しくないものには×を選び，答えよ。

①データが項目別に層別されており，出現頻度の大きさの順に並べるとともに，累積和を示した図のことを散布図という。（　1　）

②ヒストグラムで品質特性の平均値やばらつき，かたより具合などの分布状態を把握することができる。（　2　）

③ヒストグラムを作成したところ，歯抜け型になった。これは層別すべき要素があることを示している可能性が高い。（　3　）

④特性要因図を作成するとき，一般に大骨には生産の 4 要素（4M）をあてはめることが多い。（　4　）

⑤パレート図の縦軸はチェックシート等から収集するようなデータ，例えば，不適合数とすべきであり，お金に換算した損失金額等は不適切である。（　5　）

⑥問題を起こした要因の洗い出しを行うときは，アイデアの入り乱れを防止するために，一人で行うのが望ましい。（　6　）

⑦問題を起こした要因の洗い出しは，具体的な改善活動や処置が取れる要因まで，掘り下げて行うのが望ましい。（　7　）

⑧データの大きさを図形で表して視覚に訴えたり，データの大きさの変化を示したりして，理解しやすくした図を散布図という。（　8　）

⑨層別とはデータを層に分けることであり，目的とする特性に対して，層間の比較により有意義な情報を得ることができる。（　9　）

⑩チェックシートとは，必要な項目や図が前もって様式化されており，調査や点検結果などが簡単に記録できるようにしたものである。（　10　）

⑪特性要因図とは，二つの変数間の関係を調べるのに使用される。問題が発生したとき，その特性と原因と考えられる要因とを2つの軸の座標面にプロットすることにより，視覚的に関係を確認できる。（　11　）

【問題3】 **QC七つ道具に関する次の文章において，（　　）内に入る最も適切な手法名を下記選択肢から1つ選び，答えよ。各選択肢を複数回用いてもよい。**

① 問題解決の最初のステップで，多くの要因の中から，重要な少数項目を見つけるために大切な道具は，（ 1 ）である。

② 母集団をいくつかの共通点を持ったグループに分類することで，原因特定のヒントを得る道具は，（ 2 ）である。

③ あらかじめ製品が図示されており，不良箇所や作業記録が簡単にマークできるように工夫された道具は，（ 3 ）である。

④ データの変化や推移を表したり，数量や割合の大きさを比較したりするのに使える道具は（ 4 ）である。

⑤ データの存在する範囲をいくつかの区間に分け，規格外れの有無や分布型を調べる道具は，（ 5 ）である。

⑥ データを時系列に並べて，この変動にクセがあるかどうか，工程が管理状態に有るかどうかを調べる道具は，（ 6 ）である。

⑦ 特定の結果と要因との関係を系統的に表わしたものであり，問題の因果関係の整理に有効な道具は，（ 7 ）である。

⑧ 2つの特性を縦軸と横軸にとり，対応するデータをグラフに表わしたものであり，2つのデータに相関関係の有無などを調べる図は，（ 8 ）である。

⑨（ 9 ）は，データ収集作業を効果的かつ効率的に行える。また，データ収集しながらデータ整理も同時に行える道具である。

⑩（ 10 ）は，不適合などの件数や損失金額を項目別に分類して，出現頻度や金額の大きい順に並べるとともに，累積和を示した図である。

【選択肢】

ア．管理図　イ．グラフ　ウ．散布図　エ．特性要因図
オ．チェックシート　カ．層別　キ．パレート図　ク．ヒストグラム

【問題 4】 パレートに関する次の文章において，（　　）内に入る最も適切なものを下記選択肢から 1 つ選び，答えよ。ただし，各選択肢を複数回用いることはない。

① パレート図は，不適合・故障・クレームなどの件数や（ 1 ）などを，現象や原因などの分類項目に層別して，出現頻度の（ 2 ）順に並べるとともに，累積百分率を（ 3 ）で示した図である。

【（ 1 ）～（ 3 ）の選択肢】
ア．小さい　イ．大きい　ウ．影響度　エ．損失金額
オ．棒柱グラフ　カ．折れ線グラフ　キ．帯グラフ　ク．円グラフ

② 分類項目に「その他」がある場合は，その数量に関係なく横軸の（ 4 ）に書くが，「その他」の項目の出現頻度が 1 番目や 2 番目のように上位にくる場合は，「その他」のくくり方や（ 5 ）の構成を見直す必要がある。

【（ 4 ），（ 5 ）の選択肢】
ア．上端　イ．下端　ウ．左端　エ．右端　オ．中央
カ．分類項目　キ．分析項目　ク．母集団　ケ．サンプリング方式

③ 分類項目は多くても，大きな影響を与えているものは，ほんの 2，3 項目であることが多い。これを，（ 6 ）の法則という。改善を行うためには，このような結果が大きな影響を与える少数の項目（要因）を見付けて，解決に取り組むことが大切である。この考え方を（ 7 ）という。

【（ 6 ），（ 7 ）の選択肢】
ア．シューハート　イ．デミング　ウ．パレート　エ．重点指向
オ．集中指向　カ．顧客満足　キ．プロセス重視

【問題5】 **特性要因図に関する文章において，（　　）内に入る最も適切なものを下記選択肢から1つ選び，答えよ。ただし，各選択肢を複数回用いることはない。**

特性要因図とは，（ 1 ）（結果）とそれに影響を及ぼしていると思われる（ 2 ）（原因）との関係を（ 3 ）のような図に，（ 4 ）にまとめたものである。この特性要因図の作成において，大骨に（ 5 ）を設定して整理すると便利であることが多い。

【選択肢】

ア．魚の骨　イ．体系的　ウ．目的　エ．消費の5S　オ．要因
カ．問題とする特性　キ．主観的　ク．生産の4M

【問題6】 **特性要因図に関する次の文章において，正しいものには○，正しくないものには×を選び，答えよ。**

① 特性要因図は，対象の品質特性とその要因との関係を体系的に，視覚的に把握できるようにしたものである。（ 1 ）

② 一度しっかりとした特性要因図を作成しておけば，いつもそれを用いれば良いので，見直しは必要ない。（ 2 ）

③ 工程のどのあたりに原因があるか分かれば良いので，あまり細かいところまで要因を掘り下げない方が良い。（ 3 ）

④ 特性に対して影響の大きい要因は，過去の経験と勘から決めればよいので，データを新たに取る必要はない。（ 4 ）

⑤ 取り上げた要因が測定できないものであったので，特性要因図には記入しなかった。（ 5 ）

⑥ 要因の中に相互に関連しそうな項目があったので，印（しるし）を付けて後から分かるようにしておいた。（ 6 ）

【問題７】 **チェックシートに関する次の文章において，（　　）内に入る最も適切なものを下記選択肢から１つ選び，答えよ。ただし，各選択肢を複数回用いることはない。**

①一般的に，チェックシートの用途を大別すると，次の２つのものがある。分布の形や不適合の発生状況（どこに，どれくらい発生しているか）を調べるものを（　1　）チェックシートという。また日常管理などで，チェックすべき項目を事前に決めておき，これに従って点検するものを（　2　）チェックシートという。

②一般に製品のスケッチ（又は展開図など）を準備しておいて，このスケッチに不適合発生の位置をチェックしていくものは，（　3　）用チェックシートである。

③品質特性値に関して，中心値・ばらつき・分布の姿などを調査するためのチェックシートは，（　4　）用チェックシートである。

④不適合品の発生状況を要因別に分類したり，不適合項目を機械別・作業者別などの層別によって要因を調べるためのチェックシートは，（　5　）用チェックシートである。

⑤それぞれの不適合項目ごとに，不適合数がどれ位発生しているかを調査するためのチェックシートを（　6　）用チェックシートという。

⑥工場などで，設備を安全で正常な稼働の維持・管理に用いられるチェックシートは，（　7　）用チェックシートである。

【選択肢】

ア．不適合項目調査　　イ．不適合位置調査　　ウ．不適合要因調査
エ．5W1H　　オ．設備点検　　カ．度数分布調査　キ．調査用
ク．グラフ　　ケ．点検用

【問題8】 **ヒストグラムに関する次の文章において，（　　）内に入る最も適切なものを下記選択肢から1つ選び，答えよ。ただし，各選択肢を複数回用いることはない。**

ある特性値の測定単位が0.2，データ数が50個である。最大値は36.8，最小値は24.4であるとする。

① データから範囲Rを計算するとR=（ 1 ）となる。次に，区間の数hをデータ数の平方根に一番近い整数として求めると，h=（ 2 ）となる。さらに，区間の幅cをR／hとして計算した量を測定単位の整数倍に丸めて求めると，c=（ 3 ）となる。
最初の区間の下限値は，最小値 −（測定単位/2）=（ 4 ）として求める。これに区間の幅cを加えて最初の区間の上限値を求める。以下，順次cを加えて区間を次々に作成し，最大値が含まれるまで区間を追加する。

【（ 1 ）～（ 4 ）の選択肢】
ア．1.6　イ．1.8　ウ．2.0　エ．7　オ．8　カ．9
キ．12.0　ク．12.4　ケ．24.0　コ．24.3　サ．24.6

② 上記のように度数表の区間を定めたら，各データがどの区間に含まれるのかをチェックする。そのとき，（ 5 ）

【（ 5 ）の選択肢】
ア．データがどれかの区間の下限値ないしは上限値に一致したら，下限値の区間にチェックする。
イ．データがどれかの区間の下限値ないしは上限値に一致したら，上限値の区間にチェックする。
ウ．区間の下限値ないしは上限値に一致するデータは存在しない。

【問題９】 **グラフには多くの種類がある。次の文章において，（　　）内に入る最も適切なもの（グラフの種類）を下記選択肢から１つ選び，答えよ。ただし，各選択肢を複数回用いることはない。**

コンビニ２店舗（市内店と地方店）を所有しているある経営者がいる。店舗別・分野別・商品別などの売上状況を把握するために，さまざまな種類のグラフ作成を指示した。

① 両店舗での過去３年間の総売上額変化状況を見るため，年月を横軸にとり，（　1　）を作成した。

② 地方店における商品分野別売上額を見るため，横軸に商品分野をとり，（　2　）を作成した。

③ １日の時間帯別の来店客がどの程度かを確認するために，１週間７日分の時間帯別来店客数の度数分布表を店別に作成し，そのデータを元に（　3　）を作成した。

④ 店舗利用に関する満足度調査を５項目で実施した。その結果を１つのグラフで表して，全体のバランス状態の評価に便利な道具は（　4　）である。

⑤ 両店舗の売上高を合算して，分野別売上の割合を把握したい。このように売上の内訳を見える化するのに適した道具は，（　5　）である。

⑥ 両店舗における分野別売上割合の違いを把握したい。市内店と地方店とで分野順を揃えた（　6　）をそれぞれで作成し，上下に並べて比較すると分かりやすい。

【選択肢】

ア．ヒストグラム　　イ．帯グラフ　　ウ．棒グラフ
エ．レーダーチャート　　オ．円グラフ　　カ．散布図
キ．折れ線グラフ　　ク．ダイヤグラム

【問題10】 **散布図の説明として，（　　　）内に入る正しい言葉を下記選択肢から１つ選び，答えよ。ただし，各選択肢を複数回用いることはない。**

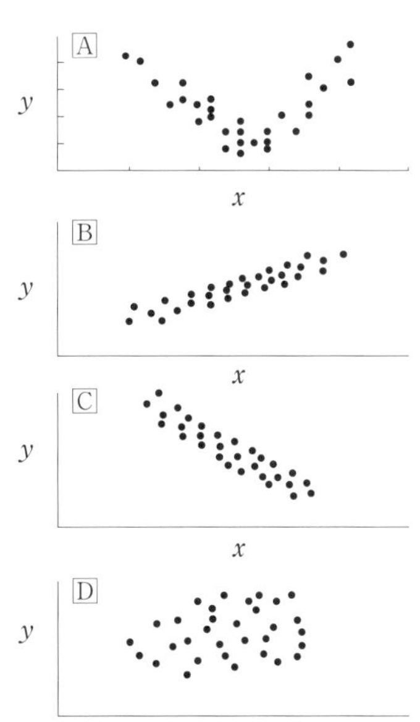

① Aは，点の並び方が直線的でなく，（　1　）の関係が見られる。

② Bは，点の並び方が右上がりになっているので（　2　）がある。

③ Cは，点の並び方が右下がりになっているので（　3　）がある。

④ Dは，点の並び方には傾向が見られないので（　4　）である。

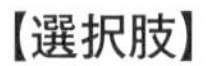

ア．OC曲線　　イ．２次曲線
ウ．負の相関　　エ．正の相関
オ．無相関

【問題11】 **層別に関する文章で，正しいものには○，正しくないものには×を選び，答えよ。**

① データを要因別にグループ分けをすると，各グループ間にはっきりとした違いが現れたので，層別が良くできたと言える。（　1　）

② 不適合の発生に関して，得られたデータの解析をした結果から，出てきた要因を層別して原因を追究した。（　2　）

③ 層別をするに当たって，データの履歴を気にする必要はなく，現品などの識別をしっかりとしておけば良い。（　3　）

解答と解説（QC 七つ道具）

【問題 1】

解答 (1) ウ　(2) イ　(3) ア　(4) オ　(5) ク
(6) カ　(7) キ　(8) エ

解説

(1) 問題がどこから発生しているかを明確にするため，どの機械か（**層別**）を明確にすることが大切である。

(2) データの収集には，**チェックシート**の活用が便利である。

(3) **パレート図**を作成してデータを見える化することにより，問題点が明らかになり，重点指向に基づいた判断がし易くなる。

(4) 問題の要因を洗い出して，原因を特定するのに便利な手法が**特性要因図**である。

(5) データの分布状態や規格に対する状態を見るのに，**ヒストグラム**作成が効果的である。

(6) 2つの特性に関係があるか否かをみるのに**散布図**が便利である。

(7) 品質の安定状態を見るのに**管理図**が有効である。（管理図は第 4 章参照）

(8) データの推移をみるのに**折れ線グラフ**が効果的である。

【問題 2】

解答 (1) ×　(2) ○　(3) ×　(4) ○　(5) ×　(6) ×
(7) ○　(8) ×　(9) ○　(10) ○　(11) ×

解説

(1) 項目別に層別され出現頻度の大きさの順に並べるとともに，累積和を示した図は**パレート図**という。

(2) **ヒストグラム**は，ばらつきや分布状態を見える化する手法である。

(3) **歯抜け型**になったのは，目盛の読み方ミスまたは区間幅と測定単位のミスマッチが考えられる。層別すべき形態ではない。

(4) 特性要因図の大骨には，一般的に**生産の 4 要素**を配置する。

(5) **パレート図の縦軸**は，できれば（経営への影響度が把握しやすい）金額で表現するのが望ましい。

(6) **要因の洗い出し**は，できるだけ多くの人の参加が望ましい。

(7) **要因の洗い出し**は，具体的な処置がとれるレベルまで展開するのが望ましい。

(8) データの大きさや大きさの変化を図形などで，理解しやすくした図を**グラフ**という。

(9) **層別**により，層間の比較から有効な情報が得られる。

(10) 本文の通りである。

(11) 本文の記述は，**散布図**の説明である。（特性要因図の説明ではない）

【問題 3】

解答 (1) キ　(2) カ　(3) オ　(4) イ　(5) ク
(6) ア　(7) エ　(8) ウ　(9) オ　(10) キ

解説

(1) 重点指向をするのに便利な道具は，**パレート図**である。

(2) 共通点を持ったグループに分類することを**層別**という。

(3) 簡単にデータが取れるように工夫された道具を**チェックシート**という。

(4) データの変化や数量の大きさの比較などを視覚化する道具を**グラフ**という。

(5) データの分布状態を把握する道具を**ヒストグラム**という。

(6) 工程が安定な状態であるかどうか，を判断するときに用いる道具は**管理図**である。

(7) 特定の原因と結果の関係を整理する道具は，**特性要因図**である。

(8) 2つの特性の相関関係の調査に使う道具を**散布図**という。

(9) データ収集時に便利な道具は，**チェックシート**である。

(10) 不適合品を項目別に発生頻度順に並べ，累積和も示した図を**パレート図**という。

【問題 4】

解答 (1) エ　(2) イ　(3) カ　(4) エ　(5) カ
(6) ウ　(7) エ

解説

(1) パレート図の縦軸は，不適合件数や**損失金額**などである。

(2) 横軸の項目の並びは，出現頻度の**大きい順**である。

⑶パレート図では，累積百分率を**折れ線グラフ**で示している。
⑷横軸の項目の「その他」は，必ず**右端**に配置する。
⑸「その他」が多い場合は，「その他」のくくり方や**分類項目**の構成を見直す必要がある。
⑹「全体の大部分に影響を与えているのは一部の要素である」といった考え方を**パレートの法則**という。
⑺目的達成に向けて，結果に大きく影響を及ぼす要因に重点的に取り組む考え方を**重点指向**という。

【問題５】

解答　⑴　カ　　⑵　オ　　⑶　ア　　⑷　イ　　⑸　ク

解説

⑴〜⑷特性要因図とは，「**問題とする特性**とそれに影響を及ぼしていると思われる**要因**との関係を，**魚の骨**のような図に**体系的**にまとめたもの」である。
⑸特性要因図の大骨には，**生産の4M**（人・設備・部品・方法）を設定して整理すると便利であることが多い。

【問題６】

解答　⑴　○　　⑵　×　　⑶　×　　⑷　×　　⑸　×
⑹　○

解説

⑴特性要因図は，結果（品質特性）と要因（原因）との関係を体系的に表したものである。
⑵要因の追加・訂正が必要になったときや，仕事環境が変化したときなどに，必要に応じて見直しをする。
⑶要因の掘り下げは，具体的アクションがとれる要因まで展開する。
⑷要因展開は，具体的事実に基づいて，可能であればデータによる検証を行う。
⑸要因展開は，測定できない言語データも対象とする。
⑹重要要因や相互に関連しそうな項目に印を付けておくと，原因特定時などに有効となる。

【問題7】

解答 (1) キ　(2) ケ　(3) イ　(4) カ　(5) ウ　(6) ア　(7) オ

解説

(1) 分布の形や不適合の発生状況を調べるものを**調査用チェックシート**という。

(2) チェックすべき項目を事前に決めておき，これに従って点検するものを**点検用チェックシート**という。

(3) スケッチに不適合発生の位置をチェックしていくものは，**不適合位置調査用チェックシート**という。

(4) 中心値やばらつき度合いなどを調べるものを**度数分布調査用チェックシート**という。

(5) 不適合の発生状況を要因別などに分類するためのものを**不適合要因調査用チェックシート**という。

(6) 不適合項目ごとに，どの程度発生しているかを調べるためのものを**不適合項目調査用チェックシート**という。

(7) 設備などの状態の維持・管理に用いるものを**設備点検用チェックシート**という。

【問題8】

解答 (1) ク　(2) エ　(3) イ　(4) コ　(5) ウ

解説

(1) **範囲**　R ＝ **最大値－最小値** ＝ 36.8－24.4 ＝ 12.4

(2) **区間の数**　$h \fallingdotseq \sqrt{(\text{データ数})} = \sqrt{(50)} \fallingdotseq 7$

(3) **区間の幅**　$c = R / h = 12.4 / 7 \fallingdotseq 1.8$

1.8は測定単位（0.2）の整数倍であるので，このままで良い。

(4) **最初の区間の下限値**

＝ 最小値－測定単位／2 ＝ 24.4－0.2/2 ＝ 24.3

(5) 区間の下限値は「最小値 － 測定単位／2」であり，最小値から測定単位／2を引いているので，**下限値ないしは上限値に一致するデータは存在しない**ということになる。

QC七つ道具

【問題９】

解答 (1) キ　(2) ウ　(3) ア　(4) エ　(5) オ　(6) イ

解説

(1) 時間的変化を表すのに便利なのは，**折れ線グラフ**である。

(2) 数量の大小の比較に適しているのは，**棒グラフ**である。

(3) 度数分布を見える化した図は，**ヒストグラム**である。
時間帯別来店客数を見える化することにより，必要な顧客対応工数や来店客数アップのヒントなどが見えてくる。

(4) 項目のバランス評価に適しているのは，**レーダーチャート**である。

(5) データの内訳を表すのに適した道具は，**円グラフ**である。

(6) 各データ間の内訳割合の比較に適しているのは，**帯グラフ**である。

【問題10】

解答 (1) イ　(2) エ　(3) ウ　(4) オ

解説

(1) 縦軸 y と横軸 x との関係が**２次曲線**的である。

(2) x が増加すると y も増加する。**正の相関**である。

(3) x が増加すると y は減少する。**負の相関**である。

(4) x が増加しても y の変化に影響が見られない。**無相関**である。

【問題11】

解答 (1) ○　(2) ×　(3) ×

解説

(1) 各グループ間にはっきりとした違いが現れたということは，層別が良くできたと言える。

(2) 解析した結果から層別するのではない。解析をするために層別するのである。

(3) 層別をするためには，現品の識別だけでなく，データの正確な履歴（製造履歴など）も必要である。

第4章 管理図

出題頻度

★★★☆☆

1 管理図の考え方

(1) 管理図とは

管理図とは，**工程の状態が「安定」か「異常」かを客観的に判断する道具**です。安定とは，データにばらつきがあっても，それが**「偶然原因によるばらつき」**と判定される場合です。また異常とは，データのばらつきが**「異常原因によるばらつき」**と判定される場合です。

※管理図での判定

- **安　定：偶然原因**（やむを得ない）のみによるばらつき状態
- **異　常：異常原因**（故障や作業ミスなど）によるばらつき状態

(2) 管理図の運用

管理図管理においては，管理限界線を設けてその線図に日々のデータを打点し，**打点の並び状態から工程の管理状態を判断**します。点が管理限界線内にあり，かつ連や傾向にクセが無ければ，安定（工程は統計的管理状態にある）とします。

※管理図の運用方法

- **安　定**：打点が全て管理限界線内にあり，
かつ，連や傾向にクセが無い状態
- **異　常**：打点が管理限界線外にある，
または，線内であっても連や傾向にクセが有る状態

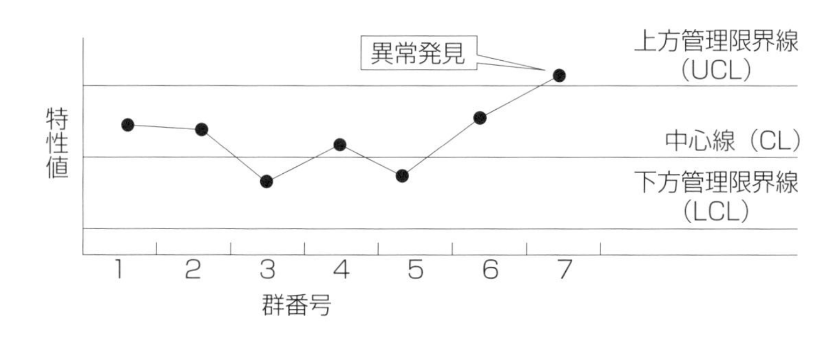

(3) 管理図の判定ルール

JIS Z 9021では，管理図の点の動きを８つのパターンに分けて，各々に判定基準が定められています。下記の判定基準に当てはまれば，「工程は管理状態にない（安定状態にない）」と判断します。

[管理図の異常判定基準]

① 1点が管理限界線を超えている。

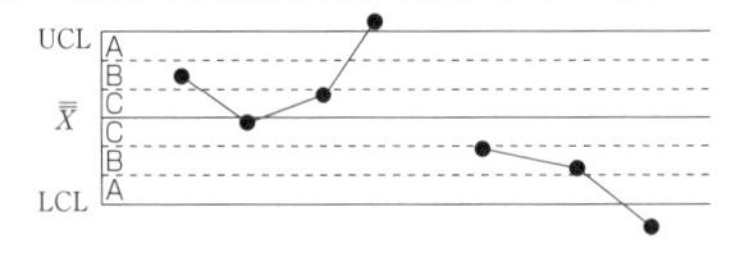

② 中心線に対して，9点が同じ側にある。

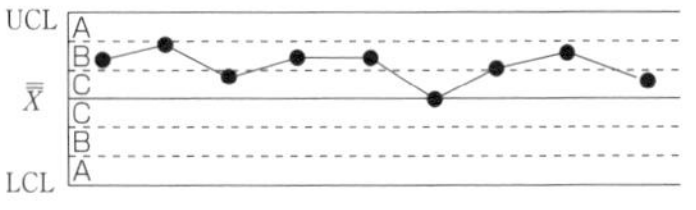

③ 6点が連続増加，または減少している。

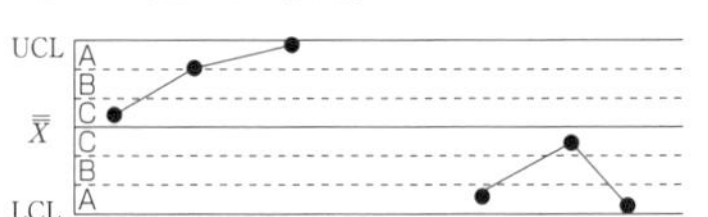

④ 14点が交互に連続増減している。

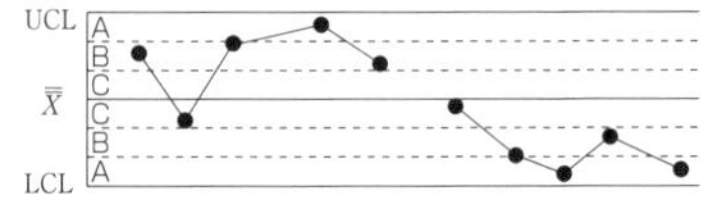

⑤ 連続する3点中2点が，領域Aまたはそれを超えた領域にある。

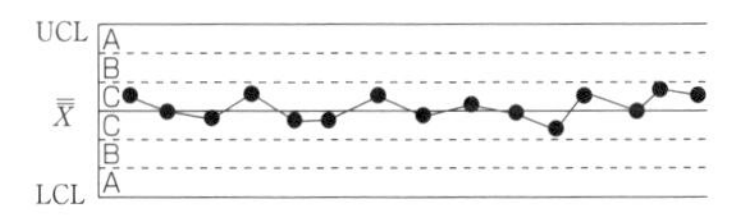

⑥ 連続する5点中4点が，領域Bまたはそれを超えた領域にある。

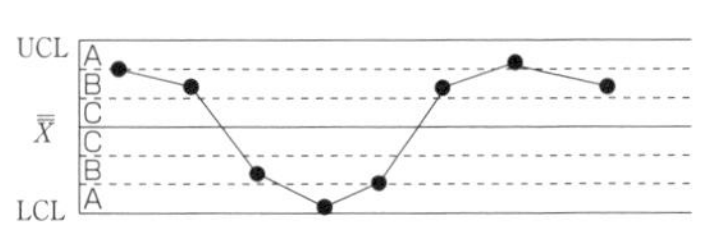

⑦ 連続する15点が領域Cにある。（中心化傾向）

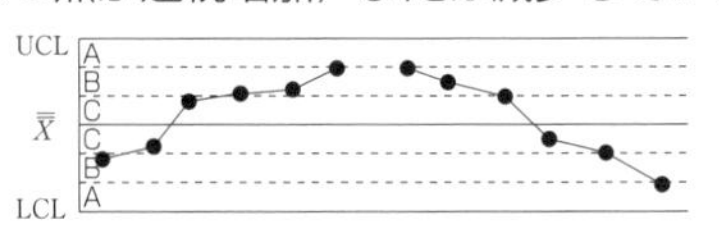

⑧ 連続する8点が領域Cを超えた領域にある。

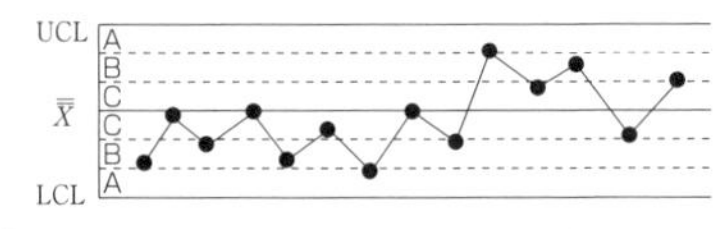

※３σ（シグマ）法

管理限界線を標準偏差の３倍の位置に設定して管理する方法を，**３σ（シグマ）法**という。

管理限界線＝平均値±３×σ（標準偏差）

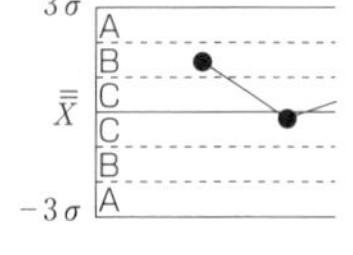

これに基づくと統計上の計算から，工程が管理状態にあるとき，管理限界線から**外れる確率は約0.3%**となります。
（「第６章　統計的方法の基礎」を参照）

(4) 管理図の種類

管理図は，得られるデータの種類や使用する目的によって用いる管理図は異なり，次のように分類されます。

① 統計量による分類

データの種類	管理図の種類	内容
計量値	$\overline{X}-R$ **管理図**	平均値（$\overline{X}$）と範囲（R）の管理図
	$\overline{X}-s$ 管理図	平均値（$\overline{X}$）と標準偏差（s）の管理図
	メディアン管理図	メディアン（Me）と範囲（R）の管理図
	X 管理図	個々の測定値（X）の管理図
計数値	np **管理図**	不適合品数（np）の管理図
	p **管理図**	不適合品率（p）の管理図
	c 管理図	欠点数（c）の管理図
	u 管理図	単位当りの欠点数（u）の管理図

② 活用目的による分類

- **解析用管理図**

  工程で作り込まれた品質特性と，その特性に影響を及ぼす要因との関係を明らかにする（**工程解析**）ために用いる管理図

- **管理用管理図**

  工程を管理するため，および期待する品質水準を安定して維持する（**工程管理**）ために用いる管理図

2 管理図の作り方

(1) 計量値による管理図

計量値による管理図の代表例として $\overline{X}-R$ 管理図について説明します。

■$\overline{X}-R$ 管理図

[作成手順]

① 群分けされたデータを集める。

② 群ごとの平均値 $\overline{X}$ を計算する。

③ 群ごとの範囲 R を計算する。

④ 総平均値 $\overline{\overline{X}}$ を計算する。

⑤ 範囲の平均値 $\overline{R}$ を計算する。

⑥ $\overline{X}$ 管理図の管理線を計算する。

上方管理限界線：$UCL=\overline{\overline{X}}+A_2\times\overline{R}$

下方管理限界線：$LCL=\overline{\overline{X}}-A_2\times\overline{R}$

⑦ R 管理図の管理線を計算する。

上方管理限界線：$UCL=D_4\times\overline{R}$

下方管理限界線：$LCL=D_3\times\overline{R}$

⑧ 管理図上に管理線を引き，データをプロットする。

[管理限界線を引くための係数]

n	A_2	D_3	D_4
2	1.880	—	3.267
3	1.023	—	2.575
4	0.729	—	2.282
5	0.577	—	2.115
6	0.483	—	2.004
7	0.419	0.076	1.924
8	0.373	0.136	1.864
9	0.337	0.184	1.816
10	0.308	0.223	1.777

注）1. nは群の大きさ
　　2. D_3欄の「－」は，R管理図の下方限界線は示されないということ

[事例演習]

○問　題：下記抜取検査データにおける $\overline{X}-R$ 管理図を描き，論じよ。

日付	測　定　値						小計	平均値	範囲
	X_1	X_2	X_3	X_4	X_5		$\sum X_i$	$\overline{X}$	R
5/7	154	174	164	166	162	⇒	820	164.0	20
5/8	168	164	170	164	166	⇒	832	166.4	6
5/9	166	170	162	166	164	⇒	828	165.6	8
5/11	153	165	162	165	167	⇒	812	162.4	14
5/12	168	166	160	162	160	⇒	816	163.2	8
5/13	167	169	159	175	165	⇒	835	167.0	16
5/14	168	174	166	160	166	⇒	834	166.8	14
5/15	164	158	162	172	168	⇒	824	164.8	14
5/18	148	160	162	164	170	⇒	804	160.8	22
5/19	165	158	147	153	151	⇒	776	154.8	18
							平均	163.6 ($\overline{\overline{X}}$)	14.0 ($\overline{R}$)

n（群の大きさ）＝5

○解答例

① 管理線の計算

・$\overline{X}$ 管理図の管理線　UCL＝163.6＋0.577×14.0＝171.7

LCL＝163.6－0.577×14.0＝155.5

・R 管理図の管理線　UCL＝2.115×14.0＝29.6

LCL＝（示されない）

② 管理図の記載

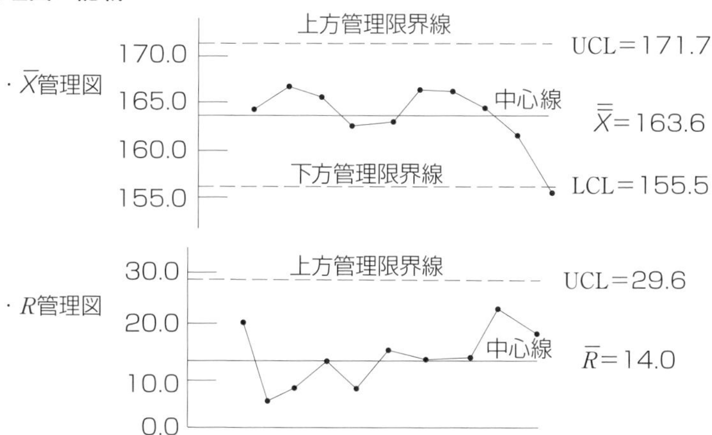

③ 管理図の評価

・**$\overline{X}$ 管理図について**

（群内変動（群内のばらつき）を見るための管理図）

打点の１点が管理限界線を超えており，安定状態ではない。

・**R 管理図について**

（群間変動（群間のばらつき）を見るための管理図）

打点は全て管理限界線内にあり，また連や傾向にクセが無いため工程は安定状態にある。

管理図

(2) 計数値による管理図

計数値による管理図としてnp **管理図**とp **管理図**があります。

■np 管理図

不適合品数（np）の管理図です。

（各群の大きさ n が一定のときに用いられる）

[作成手順]

① データを集める。

② データを組に分ける　（一般的には1日あたりを単位とする）

③ 不適合品数 $n\bar{p}$ と不適合品率 $\bar{p}$ を計算する。($\bar{p}=n\bar{p}／n$)

④ 管理図の管理線を計算する。

・平均不適合品数　$CL=n\bar{p}$

・上方管理限界線　$UCL=n\bar{p}+3\sqrt{(n\bar{p}(1-\bar{p}))}$

・下方管理限界線　$LCL=n\bar{p}-3\sqrt{(n\bar{p}(1-\bar{p}))}$

⑤ 管理図上に管理線を引き，データをプロットする。

[事例演習]

○問　題：下記抜取検査データにおける np 管理図を描き，論じよ。

組の番号	サンプルの大きさ（n）	不適合品数（np）
1	100	4
2	100	4
3	100	2
4	100	2
5	100	3
6	100	2
7	100	3
8	100	2
9	100	3
10	100	4
合計	1,000	29

○解答例

① 管理限界線の計算

・CL＝100×（29／1,000）＝2.9

・UCL＝$100\times0.029+3\sqrt{(100\times0.029(1-0.029))}$＝7.93

・LCL＝$100\times0.029-3\sqrt{(100\times0.029(1-0.029))}$＝−2.13

☆LCLの値が「0以下」となった場合は，下方管理限界線は示さない。

② *np* 管理図の作成

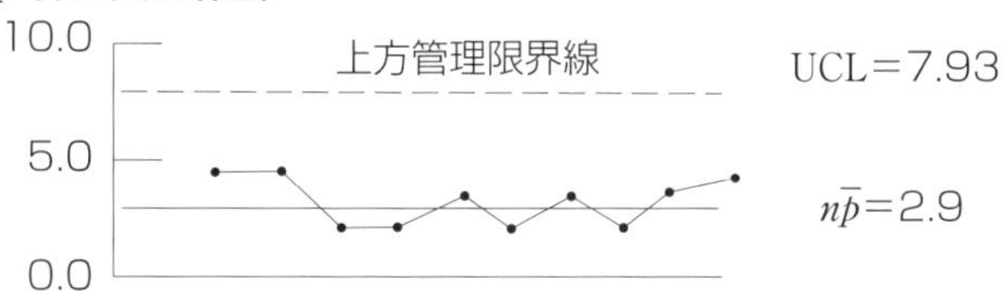

③ *np* 管理図の評価

打点は全て管理限界線内にあり，また連や傾向にクセが無いため「工程は安定状態にある」と判断できる。

■*p* 管理図

不適合品率（*p*）の管理図です。

（群の大きさ *n* が群ごとに異なるときに用いられる）

[作成手順]

手順は，*np* 管理図の①〜⑤と同様である。ただし，管理限界線は下記式により求めます。

$$CL=\bar{p}$$

$$UCL=\bar{p}+3\sqrt{\left[\frac{\bar{p}(1-\bar{p})}{\bar{n}}\right]}$$

$$LCL=\bar{p}-3\sqrt{\left[\frac{\bar{p}(1-\bar{p})}{\bar{n}}\right]}$$

※$\bar{n}$ は，群ごとに異なる *n* の平均値です。

［事例演習］

○問　題：下記抜取検査データにおける p 管理図を描き，論じよ。

組の番号	サンプルの大きさ(n_i)	不適合品数(np_i)	不適合品率(p_i)
1	110	4	0.036
2	80	4	0.050
3	100	2	0.020
4	100	2	0.020
5	120	3	0.025
6	100	2	0.020
7	90	3	0.033
8	120	2	0.017
9	100	3	0.030
10	80	4	0.050
合計	1,000	29	0.029

○解答例

① 管理限界線の計算

・CL＝29／1,000＝0.029

・UCL＝$0.029+3\sqrt{(0.029(1-0.029)/100)}$＝0.079

・LCL＝$0.029-3\sqrt{0.029(1-0.029)/100)}$＝－0.021

☆ LCL の値が「0 以下」となった場合は，下方管理限界線は示さない。

② p 管理図の作成

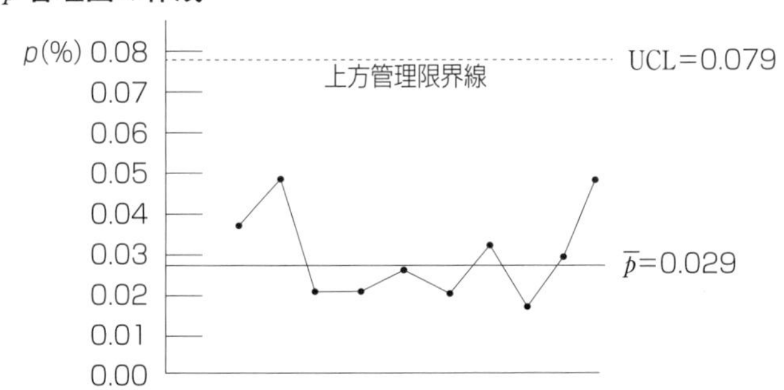

③ p 管理図の評価

打点は全て管理限界線内にあり，また連や傾向にクセが無いため「工程は安定状態にある」と判断できる。

第4章のチェックポイント

（1）管理図の目的

管理図とは，工程の状態が「**安定**」か「**異常**」かを，客観的に判断する道具である。

- 安定：**偶然原因のみ**によるばらつきである状態
- 異常：**異常原因**を含むばらつきがある状態

（2）管理図の判定ルールとして，JIS Z 9021では8つのパターンに分けて，**統計的管理状態（安定状態）にあるか否か**を判定している。

（3）管理図の種類

管理図は，データの種類や使用目的によって使用管理図は異なる。

- **計量値対象**：① $\overline{X}-R$ **管理図**　② $\overline{X}-s$ **管理図**　③ **メディアン管理図**　④ X **管理図**
- **計数値対象**：① np **管理図**　② p **管理図**　③ c **管理図**　④ u **管理図**

（4）管理図の用途

① **解析用管理図**：工程を解析するための管理図
② **管理用管理図**：工程を管理するための管理図

（5）$\overline{X}-R$ 管理図

$\overline{X}$ **管理図**：**上方管理限界線** $UCL=\overline{\overline{X}}+A_2\times\overline{R}$

下方管理限界線 $LCL=\overline{\overline{X}}-A_2\times\overline{R}$

R **管理図**：**上方管理限界線** $UCL=D_4\times\overline{R}$

下方管理限界線 $LCL=D_3\times\overline{R}$

- $\overline{X}$ 管理図は，**群内変動**（群内ばらつき）を見る管理図である。
- R 管理図は，**群間変動**（群間ばらつき）を見る管理図である。

（6）np 管理図，p 管理図

np **管理図**：不適合品数の管理図。サンプル数 n が一定。

p **管理図**：不適合品率の管理図。サンプル数 n が一定でない。

管理図

演習問題〈管理図〉

【問題１】 **次の文章において，（　　）内に入る最も適切な言葉を下記選択肢から１つ選び，答えよ。ただし，各選択肢を複数回用いることはない。**

① 管理図とは，工程のばらつき状態を，許容されている（　1　）原因による変動と，見逃せない（　2　）原因による変動に区分して，工程管理に考案された道具である。（　1　）原因による変動の場合は（　3　）と判定し，（　2　）原因による変動の場合は（　4　）と判定する。

【（　1　）～（　4　）の選択肢】
ア．偶然　イ．不注意　ウ．異常　エ．異常状態　オ．安定状態

② $\overline{X}-R$ 管理図は，長さ・重さ・温度などの（　5　）を扱う管理図である。（　6　）を見る $\overline{X}$ 管理図と（　7　）を見る R 管理図とから成り立つ。

③ np 管理図は，不適合品数・欠点数などの（　8　）を扱う管理図である。np 管理図は，サンプルの大きさが一定（　9　）場合に用いられる。

④ p 管理図も（　8　）を扱う管理図である。p 管理図は，サンプルの大きさが一定（　10　）場合に良く用いられる。

⑤ 管理図には，用途として（　11　）管理図と（　12　）管理図がある。（　11　）は，採取したデータにより管理限界線を求め，工程が安定状態か否かを見極める管理図である。一方，（　12　）は，管理限界線が与えられ，データ採取ごとに異常の有無を確認する管理図である。

【（　5　）～（　12　）の選択肢】
ア．計量値　イ．計数値　ウ．群内変動　エ．群間変動
オ．である　カ．でない　キ．解析用　ク．管理用

【問題２】 **管理図に関する次の文章において，正しいものには○，正しくないものには×を選び，答えよ。**

① 管理図は，現在の工程状況が安定か異常かを，客観的に判断するのに利用できる。（　1　）

② 管理図における管理限界線は，突き止められる（見逃せない）原因によるばらつきと，突き止められない（見逃せる）原因によるばらつきを見分けるためのものである。（　2　）

③ $\overline{X}-R$ 管理図において，$\overline{X}$ 管理図では群間変動を，R 管理図では群内変動を見ることができる。（　3　）

④ R 管理図において，下方管理限界線の下に点が打たれたとしても，ばらつきが小さくなったのだから，その原因を調べる必要はない。（　4　）

⑤ R の平均 $\overline{R}$ から $\overline{X}$ 管理図の管理限界線を計算するときに，$\overline{R}$ が大きくなればなるほど，$\overline{X}$ 管理図の上方管理限界線と下方管理限界線の幅は広くなっていく。（　5　）

⑥ 3 σ 法による $\overline{X}$ 管理図の管理では，工程が統計的管理状態にある場合に，限界線内に99.7％の打点があることを意味する。（　6　）

⑦ $\overline{X}-R$ 管理図が対象とする特性は，各群のサンプル全体のうちで不適合品がいくつあったかという不適合数のような計数値である。（　7　）

⑧ $\overline{X}-R$ 管理図における管理線の引き方として，(a) 標準値が与えられていない場合（解析用管理図），(b) 標準値が与えられている場合（管理用管理図）がある。（　8　）

⑨ 管理図において，点が管理限界線を超えたとき，いかなる場合も異常原因によるばらつきと考えられる。（　9　）

⑩ ある菓子工場で，チョコレートを製造している。この商品は，150個入りと300個入りの２種類の容器に入れられている。容器ごとに，商品数と不適合品数を管理するために，p 管理図を用いる。（　10　）

【問題３】 **次の文章において，(　　) 内に入るもっとも適切なものを下記選択肢から１つ選び，答えよ。ただし，計算のための係数は下表を参照せよ。**

１日８個のデータを採取し，10日分のデータを収集した。

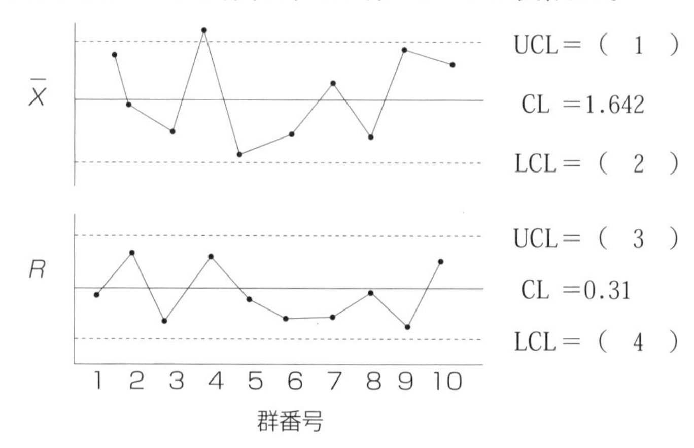

【(　1　)〜(　4　) の選択肢】

ア．0.042　　イ．0.052
ウ．0.064　　エ．0.578
オ．0.678　　カ．0.778
キ．1.526　　ク．1.645
ケ．1.758　　コ．1.905

管理限界線を引くための係数

n	A_2	D_3	D_4
2	1.880	—	3.267
3	1.023	—	2.575
4	0.729	—	2.282
5	0.577	—	2.115
6	0.483	—	2.004
7	0.419	0.076	1.924
8	0.373	0.136	1.864
9	0.337	0.184	1.816
10	0.308	0.223	1.777

上記は解析用管理図である。(　5　) では，管理限界線を超える点はなく，点の並び方にも特異なクセはないが，(　6　) において，１点が管理限界線を超えている。従って，この製造工程は統計的管理状態 (　7　)，と判定される。

【(　5　)〜(　7　) の選択肢】

ア．p 管理図　　イ．np 管理図　　ウ．$\overline{X}$ 管理図　　エ．R 管理図
オ．にある　　カ．にない　　キ．危険

【問題 4】 管理図から読み取れる次の内容は，どの管理図に相当しますか。適切な管理図を選び，答えよ。

①群内変動が大きくなっている群がある。（ 1 ）

②工程平均が途中でシフトしている。（ 2 ）

③工程が統計的管理状態（安定）にある。（ 3 ）

④工程平均が周期的に変化している。（ 4 ）

⑤同一群内に層別すべき異質のデータが入っている可能性がある。（ 5 ）

ア.

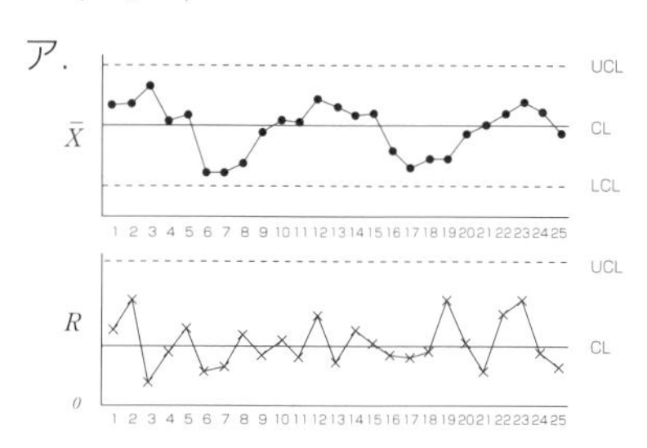

イ.

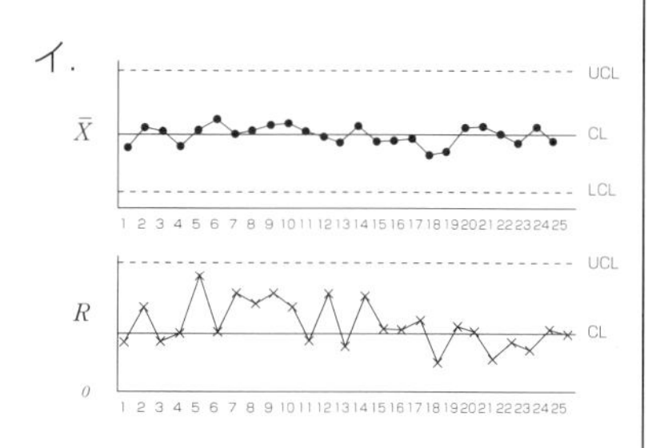

ウ.

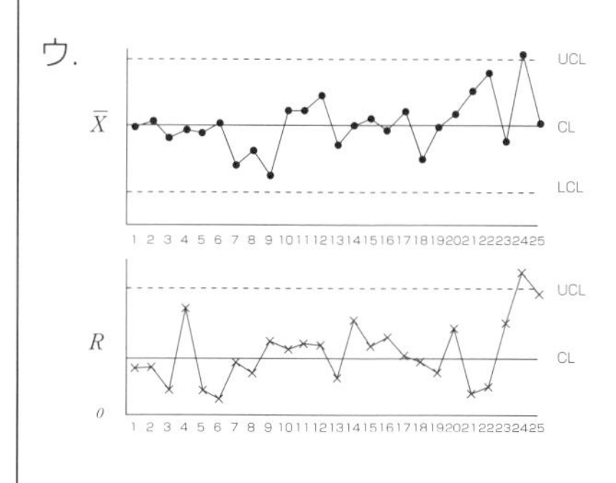

エ.

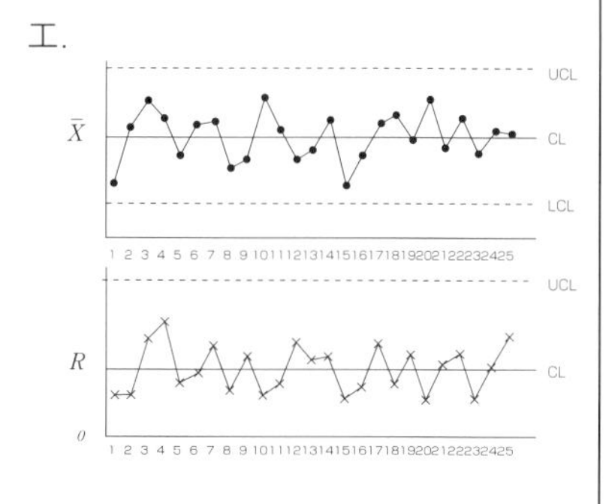

オ.

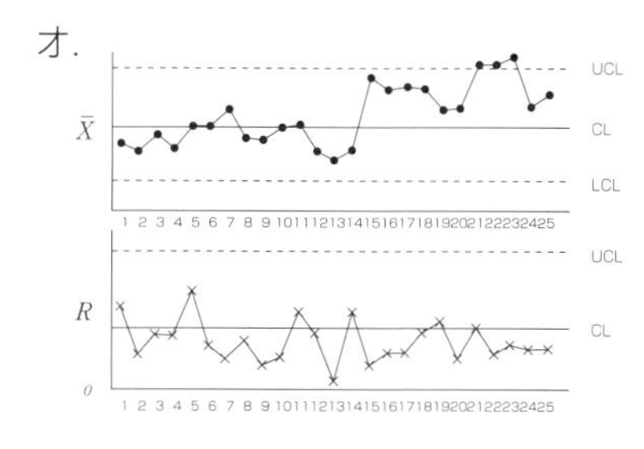

【問題 5】 $\overline{X}-R$ 管理図において，次のような 3 種類の管理図（A，B，C）が得られた。それぞれにおける母集団の推移は，どのグラフが相当しますか。適切なグラフを下記選択肢より選び，答えよ。

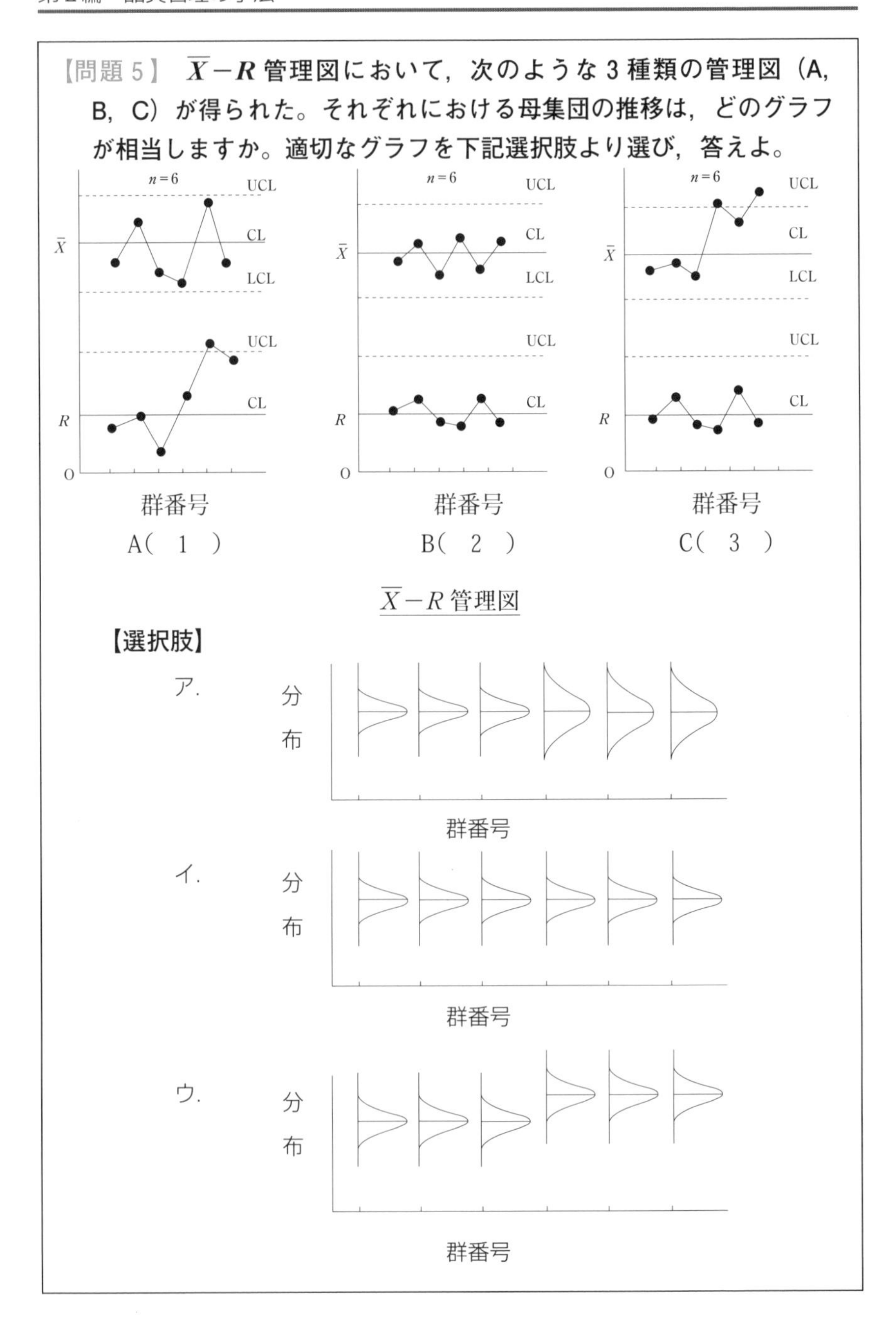

解答と解説（管理図）

【問題１】

解答 (1) ア　(2) ウ　(3) オ　(4) エ　(5) ア　(6) エ
(7) ウ　(8) イ　(9) オ　(10) カ　(11) キ　(12) ク

解説

(1)〜(4) 管理図とは，工程のばらつき状態を，許容されている**偶然**原因による変動と見逃せない**異常**原因による変動を，区分するための道具である。偶然原因による変動の場合は**安定状態**，異常原因による変動の場合は**異常状態**と判定する。

(5)〜(7) $\overline{X}-R$ 管理図は**計量値**を扱う管理図であり，**群間変動**を見る $\overline{X}$ 管理図と**群内変動**を見る R 管理図とから成り立っている。

(8)〜(10) np 管理図は**計数値**を扱う管理図であり，サンプルの大きさが一定**である**場合に良く用いられる。一方，p 管理図は，サンプルの大きさが一定**でない**場合に用いられる。

(11)(12) 管理図には，採取したデータに基づいて管理限界線を求め工程を評価する**解析用管理図**と，与えられた管理限界線に基づいて，データ採取ごとに異常の有無を確認する**管理用管理図**とがある。

【問題２】

(1) ○　(2) ○　(3) ○　(4) ×　(5) ○
(6) ○　(7) ×　(8) ○　(9) ×　(10) ○

解説

(1) 本文の通り，管理図は工程が安定状態かどうかを判断するものである。

(2) 管理図では，突き止められる原因によるばらつきを異常と判定し，突き止められない原因によるばらつきを安定と判定する。

(3) $\overline{X}$ 管理図は，平均値 $\overline{X}$ の変動状態（群間変動）を，R 管理図は範囲 R の変動状態（群内変動）を管理するものである。

(4) 管理図管理は，ばらつき状態の変化の有無を判定しているものであり，ばらつき状態の大小を判定しているものではない。

(5) 上方（および下方）管理限界線を求める式は，下記通りである。

・上方管理限界線 $UCL = \overline{\overline{X}} + A_2 \times \overline{R}$

・下方管理限界線 $LCL = \overline{\overline{X}} - A_2 \times \overline{R}$

上式より，$\overline{R}$ が大きくなると上方と下方の限界線幅が大きくなるのが分かる。

(6) 3 σ 法では，「(3)管理図の判定ルール」の項で記載されているように，工程が管理状態にあるとき，限界線内に約99.7%の打点があることを意味している。

(7) $\overline{X}-R$ 管理図は，計量値データを対象としている。

(8) 管理図は，使用目的により，解析用管理図と管理用管理図とがある。

(9) 点が管理限界線を超えていても，（少ない確率で）偶然原因によるばらつきである場合もある。（ただし，通常は発生しない）

(10) 計数値を対象として群ごとにサンプル数が異なっている場合は，p 管理図を採用する場合が多い。

【問題3】

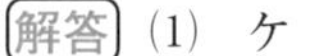

解答　(1)　ケ　(2)　キ　(3)　エ　(4)　ア　(5)　エ
(6)　ウ　(7)　カ

解説

(1) $\overline{X}$ 管理図の上方管理限界線の値は，下記式により求まる。

$UCL = \overline{\overline{X}} + A_2 \times \overline{R} = 1.642 + 0.373 \times 0.31 = \mathbf{1.758}$

※係数 A_2 は，群の大きさ $n=8$ であるから，係数表より，0.373が得られる。

(2) $\overline{X}$ 管理図の下方管理限界線の値は，下記式により求まる。

$LCL = \overline{\overline{X}} - A_2 \times \overline{R} = 1.642 - 0.373 \times 0.31 = \mathbf{1.526}$

(3) R 管理図の上方管理限界線の値は，下記式により求まる。

$UCL = D_4 \times \overline{R} = 1.864 \times 0.31 = \mathbf{0.578}$

※係数 D_4 は，係数表において $n=8$ であるから，1.864が得られる。

(4) R 管理図の下方管理限界線の値は，下記式により求まる。

$LCL = D_3 \times \overline{R} = 0.136 \times 0.31 = \mathbf{0.042}$

※係数 D_3 は，係数表において $n=8$ であるから，0.136が得られる。

(5) 管理限界線を超える点がなく，点の並びにクセもないのは，***R* 管理図**である。

(6)(7) 1点が管理限界線を超えているのは，$\overline{X}$ **管理図**である。

従って，この管理図の製造工程は，**統計的管理状態にない**と判定できる。

【問題4】

解答 (1) ウ　(2) オ　(3) エ　(4) ア　(5) イ

解説

(1) 群内変動を見るのは R 管理図である。R 管理図において，途中で大きくなっているのは，**ウ**である。

(2) 工程平均の変動を見るのは，$\overline{X}$ 管理図である。途中でシフトしているのは，**オ**である。

(3) 統計的管理状態（安定状態）とは，管理限界線の範囲内で適当にばらついている状態であり，**エ**が該当する。

(4) 工程平均が周期的に変化しているのは，**ア**である。

(5) 同一群内に層別すべき異質のデータが入っている場合には，各データが打ち消し合って平均値の変動が小さくなる傾向にある。したがって，該当する管理図は，**イ**である。

【問題5】

解答 (1) ア　(2) イ　(3) ウ

解説

(1) R 管理図において，途中で大きくシフトしている（ばらつきが大きくなっている）。該当するのは，**ア**である。

(2) $\overline{X}$ 管理図も R 管理図も，ばらつき状態に変動がない。該当するのは，**イ**である。

(3) $\overline{X}$ 管理図において，途中で大きくシフトしている（平均値が大きくなっている）。該当するのは，**ウ**である。

第5章 新QC七つ道具

出題頻度
★★★★☆

新QC七つ道具とは，主として**『言語データ』をわかりやすく図に整理することによって，混沌としている問題の解決を図っていく手法**です。

製造現場中心の小集団改善活動が総合的品質管理（TQM）へ発展し，さらには設計・営業などの間接部門へ広がるにつれて，ますます複雑な問題解決が必要となっています。そのようなとき，新QC七つ道具を使うと便利です。

[新QC七つ道具一覧]

手法名	主な特徴	活用ステップ	
1．親和図法	混沌状態から「何が問題か」を定め，親和性でまとめ上げる手法	ステップ1	混乱状態を整理して方向づけをする
2．連関図法	複雑に絡み合っている問題の因果関係を，矢線を使って整理していく手法		
3．系統図法	目的達成の手段や方策を多段に展開して解決手段を定める手法	ステップ2	課題を具体的解決手段に展開する
4．マトリックス図法	「目的と手段」「現象と要因」の関係を整理して解決手段を得る手法		
5．マトリックス・データ解析法	多数要素の多次元数値データを見通し良く整理する手法		
6．アローダイヤグラム法	多くの実行計画を矢線で結んで，全体の管理をネットワークで表現する手法	ステップ3	解決手段を時系列に配置して実行計画を作成
7．PDPC法	実行計画の想定される問題に対するプロセスを事前に準備する手法		

1 親和図法（情念による）

親和図法とは，**事実あるいは発想・意見などを言語データとしてとらえ，親和性でまとめ上げ，解決策を導き出す手法**です。問題解決に向けて，混沌とした状態から「何が問題か」を定めたいときに，役立ちます。

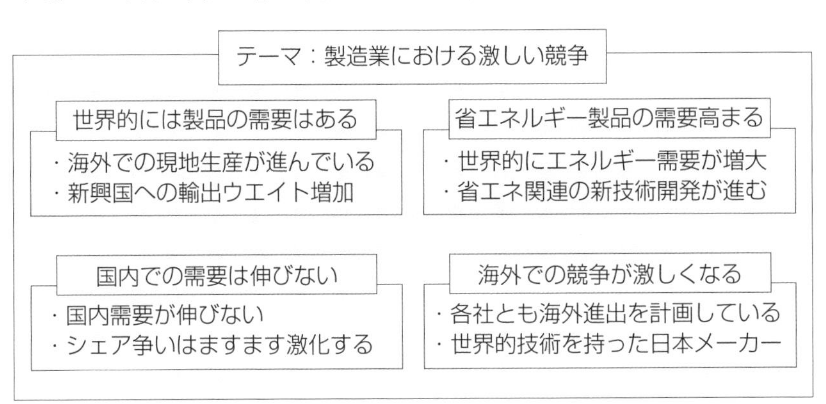

親和図法の作成例

<作成手順>

① テーマを決める。
② 言語データを収集し，カード化する。
③ データカードを展開し，寄せて親和カードを作る。
④ データカードと親和カードを束ねて配置する。

<作成のポイント>

課題などに関する言語データを，**親和性のある（類似性のある）**もの同士に，うまくまとめることが大切です。

<親和図法の利点>

① 混沌とした状態を言語データにまとめることにより，重要ポイントが発見できる。
② 現状打破により，新しい見方や考え方が得られる。
③ 問題の本質がとらえられ，関係者との認識共有が可能となる。

2 連関図法（論理による）

連関図法とは，「目的と手段」や「原因と結果」などの因果関係を矢線で結んで整理する方法です。

解くべき問題は定められているが，その発生要因が多く，複雑に絡み合ってる場合に使用します。その因果関係を明確にすることにより，重要要因を突き止め，問題発生を抑えることができます。

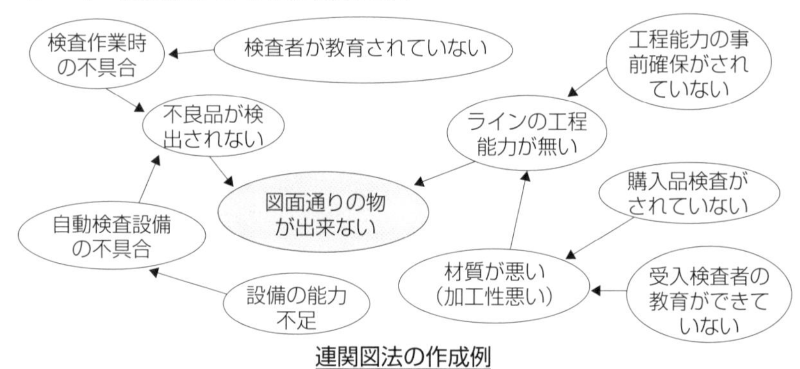

連関図法の作成例

＜作成手順＞

① テーマ（課題）を決める。

② 課題に対して，「なぜ，なぜ」を繰り返しながら，解決方法を探る。

③ さらに，「なぜ，なぜ」を繰り返して，その原因を探る。

④ 最後に全体を眺めて，主要因（現象～課題に至る）突き止める。

＜作成のポイント＞

問題（または課題）に対する要因を，できるだけ具体的に表現することが大切です。(具体的でないと他人事の連関図となる)

＜連関図法の利点＞

① 複雑に絡み合った問題が整理でき，広い視野で全体が見える。

② 自由に表現できるので，発想の転換が容易である。

③ 原因の相互関係が明確になり，重点原因を見極めやすい。

3 系統図法

系統図法とは，**目標や目的を達成するための手段・方策を系統的に多段に展開して，解決のための最適手段を定める手法**です。

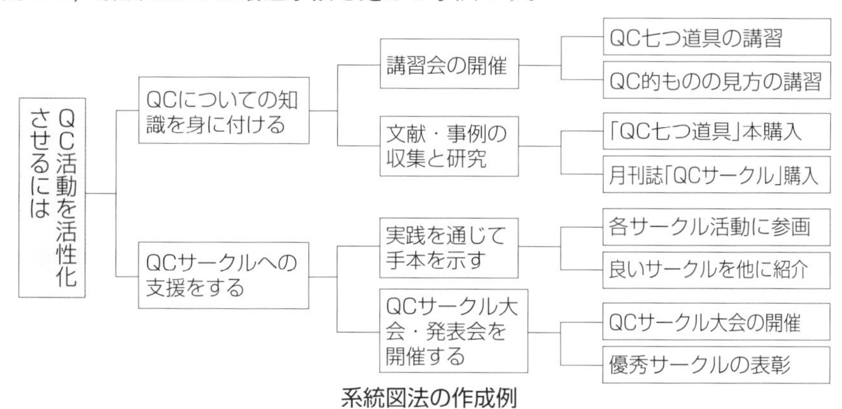

系統図法の作成例

<作成手順>

① 基本目的を「～を～するには」で設定する。

② 基本目的に対する方策を立案する。

③ 2次方策，3次方策を出す。

④ 効果・実行の容易性より方策を選出して，実行計画を立てる。

<作成のポイント>

まず，**目的を達成する手段**を考えます。次にその手段を目的としてその目的（＝手段）を実現するための手段を考えます。以下，これを**3次～4次と繰り返し**て，具体的手段に到達するまで実行します。

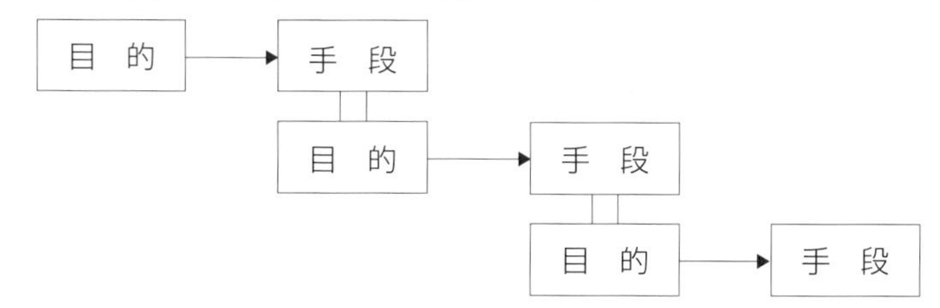

<系統図法の利点>

① 系統的に論理展開しやすく，項目漏れが少なくなる。

② メンバーの意思統一や納得性が得やすくなる。

4 マトリックス図法

マトリックス図法とは，**解決すべき問題から対になる二つの要素を挙げ，二元表（マトリックス図）に並べて，その関連を整理する手法**です。

マトリックス図法では一般的に，多くの**「目的と手段の関係」**や，多くの**「現象と要因の関係」**の整理に**使われます**。この整理された表から，問題解決のための手段や方策に関する情報を得ることができます。

※旋盤加工における不具合現象とその要因

要因＼現象	工具選定	加工条件	加工方法	測定方法	材料	作業者
精度不良	○	◎	○	○	○	◎
厚み不良	○	○	◎		△	○
スジキズ		○	○			◎
巣					◎	

◎：強い相関
○：関連有り
△：弱い相関

マトリックス図法の作成例

＜作成手順＞

① テーマを決める。
② 連関図・系統図を仕上げる。
③ 連関図・系統図から，現象・要因・対策等をマトリックス図に配置する。
④ 交点に関連の強さを判断して，◎ ○ △ を記入する。
⑤ 効果の大きさ・実施のし易さから，対策実行計画を立てる。

＜作成のポイント＞

多くの「目的と手段」の関係や「現象と要因」の関係を，**できるだけ多くの人の意見を反映**して，整理することが大切です。

＜マトリックス図法の利点＞

① 長年の経験に基づいた情報が，きわめて短時間に得られる。
② それぞれの要素間の関係が明確になり，全体における各要素間の結びつきの強さが把握しやすくなる。

5 マトリックス・データ解析法

マトリックス・データ解析法とは，数多くの要素（評価項目）で構成された**多次元の数値データを，少数の次元（主成分）に集約する手法**です。

＜作成手順＞

① マトリックス図における相関の強さを数値化する。

	① 工具 選定	② 切削 条件	③ 加工 手順	④ 測定 方法	⑤ 材料	⑥ 作業 者	計
精度不良	3	5	3	3	3	5	22
寸法不良	3	3	5	0	1	3	15
スジキズ	0	3	3	0	0	5	11
欠け	0	0	0	0	5	0	5
小計	6	11	11	3	9	13	53

② 数値化されたデータを基準化する。

③ 重点指向により，課題を絞り込む。

④ 2次元マトリックスグラフ上にデータをプロットする。

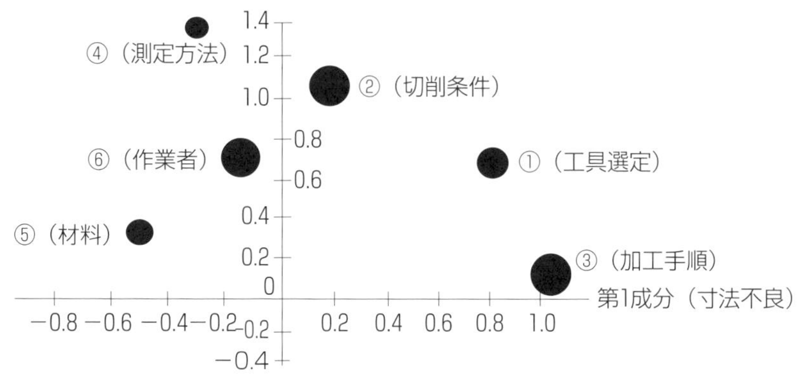

マトリックス・データ解析法の作成例

＜マトリックス・データ解析法の利点＞

多くの要素間の複雑な関係が明確になり，全体における各要素の影響度合いが把握しやすくなります。

6 アローダイヤグラム法

アローダイヤグラム法とは，**日程計画を矢線を使ってネットワークで表現したもの**です。多くの実行計画や多くの部門の活動を統括する**大日程計画の作成**に便利です。

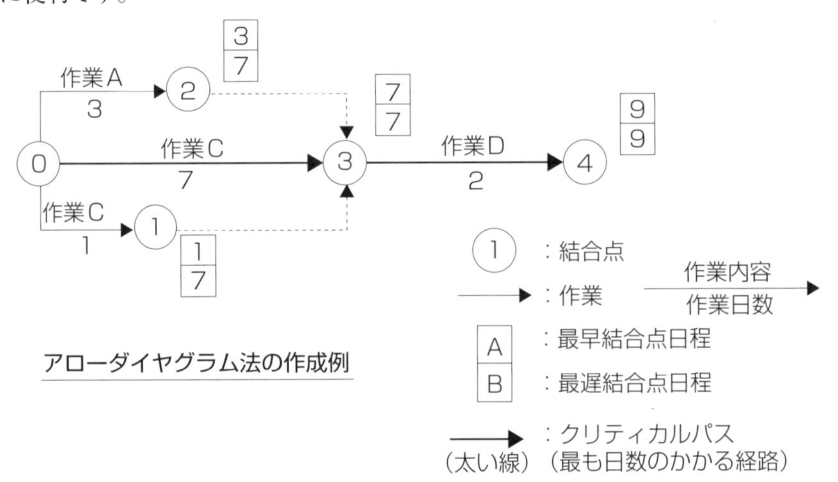

アローダイヤグラム法の作成例

<作成手順>

① 目標を達成するために「必要な作業」と「所要日数」を書き出す。
② 各作業をカードに記入し，作業順に並べる。
③ 各作業間に結合点を置き，矢印で結合する。
④ それぞれの結合点に，番号と結合点日程を記入する。

<作成のポイント>

複数の作業の関係を見通し良く，理解しやすくするために，図示記号を正しく使って，正確に表現することが大切です。

<アローダイヤグラム法の利点>

① 活動全体の日程上のつながりが把握できるために，着手前に日程上の問題点が把握できる。
② 活動の進捗状況のチェックが容易になり，計画変更に対しても柔軟に対応できる。

7 PDPC法

PDPC法（Process Decision Program Chart）とは，**目標達成のための実施計画が，想定される各種の問題に対する具体的解決手順をフローで表したもの**です。

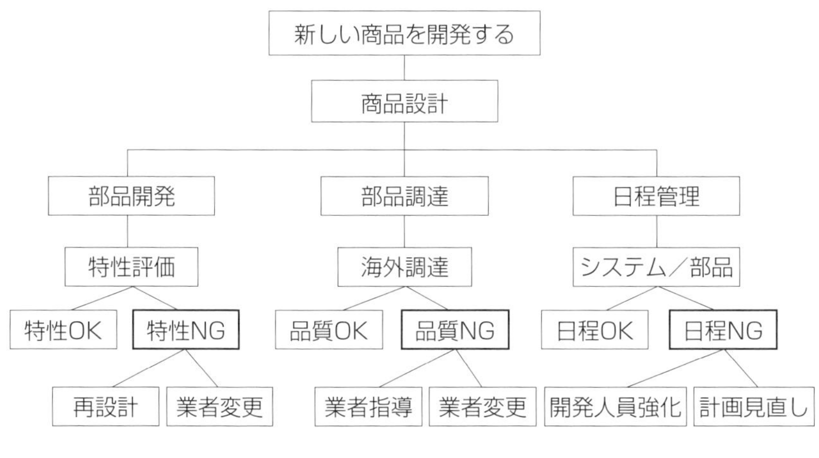

PDPC法の作成例

＜作成手順＞

① 作成テーマを選定する。(実行に困難が伴うもの)

② 1次計画を作成する。

③ 活動中の問題発生を予測して，問題回避できるフローを作成して完成させる。

＜作成のポイント＞

実行計画のプロセスにおいて，発生するリスク（起こりえる問題と結果）をいかに予測（想定）できるかがポイントです。

＜PDPC法の利点＞

① 過去の経験を生かして問題発生を予測することにより，事前に手を打つことができる。

② 問題点の所在や重点課題の把握が容易となる。

③ 目標達成に向けた道筋が明確となり，関係者全員に理解が得やすくなる。

第5章のチェックポイント

（1）親和図法とは，混沌状態から「何が問題か」を定め，**事実・発想・意見などを言語データとしてとらえ，親和性でまとめ上げる**手法である。

（2）連関図法とは，問題が複雑に絡み合っている場合に，**「なぜなぜ」を繰り返して原因と結果の関係（因果関係）を矢線を使って整理**して，重要要因を突き止める手法である。

（3）系統図法とは，目標や目的を達成するための**手段・方策を系統的に多段に展開して，解決のための最適手段を定める**手法である。

（4）マトリックス図法とは，**「目的と手段」の関係や「現象と要因」の関係を整理**して，相互の関連の強さを分かり易く整理する手法である。

（5）マトリックス・データ解析法とは，数多くの要素（評価項目）で構成された**多次元の数値データを，少数の次元に集約する**手法である。

（6）アローダイヤグラム法とは，**実行計画を進めるために必要な作業の関連をネットワークで表現**した手法である。全体（多くの作業）が見通し良くなり，日程管理が容易化される。

（7）PDPC法とは，目標達成のための実施計画において，**想定される問題に対する具体的プロセスを事前に準備**する手法である。

演習問題〈新 QC 七つ道具〉

【問題 1】 次の文章は，新 QC 七つ道具のどの手法を表わしたものか，下記選択肢から 1 つ選び，答えよ。ただし，各選択肢は複数回用いてもよい。

① 集約した言語情報を類似するもの同士を親和性でまとめ上げることにより，全体像を整理する方法である。（ 1 ）

② 多くの「目的と手段」の関係や「現象と要因」の関係を整理して，解決のための手段・方策を明確にする方法である。（ 2 ）

③ 複雑な要因の絡み合う問題について，その因果関係を明らかにすることにより，適切な解決策を見出すのに役立つ方法である。（ 3 ）

④ 目的とする問題解決を実施するための手段の探索や，目的と手段の関係を明確にする段階で用いると有効である。（ 4 ）

⑤ 多くの活動計画における最適な日程計画を作成し，効率良く進捗を管理するための方法である。（ 5 ）

⑥ 行と列で構成された多数要素の多次元数値データを集約して，傾向や分類をするための方法である。（ 6 ）

⑦ 問題発生を予測して，即座に対応できるように，あらかじめ対応計画を作っておく方法である。（ 7 ）

⑧ 行と列に属する 2 つの要素の二元表を作成し，行と列の交点に着目して，問題解決の着想をつかむのに用いられる方法である。（ 8 ）

【選択肢】

ア．親和図法　　イ．連関図法　　ウ．系統図法　　エ．PDPC 法

オ．マトリックス図法　　カ．アローダイヤグラム法

キ．マトリックス・データ解析法

【問題２】 次の文章において，（　　　）内に入る最も適切なものを下記選択肢から１つ選び，答えよ。ただし，各選択肢を複数回用いることはない。

①新 QC 七つ道具は，（　1　）の解析を主として提案された手法である。

②（　2　）は，複雑な要因の絡み合う問題の構造を把握するのに役立つ手法である。

③事態の進展とともに，色々な結果が想定される問題について，あらかじめ，望ましい結果に至るプロセスを定めるときに用いられるのが（　3　）である。

④似たもの同士を寄せ集めることによって，問題の構造を理解するのに役立つのが（　4　）である。

【（　1　）～（　4　）の選択肢】

ア．数値データ　イ．言語データ　ウ．親和図法　エ．連関図法
オ．系統図法　カ．マトリックス図法　キ．PDPC 法

⑤（　5　）は，混沌とした状況での多くの（　6　）や意見・発想などの言語データを，それらの（　7　）に着目して整理され，（　8　）化に使用される。

⑥計画の実行段階においては，様々な障害が発生するものである。（　9　）とは，計画の進行過程で発生する様々な（　10　）を予測して，打開策を準備しておく手法である。

⑦（　11　）は，問題の要因が数多く存在し，複雑に絡み合っている場合に，その各要因の（　12　）を（　13　）で接続して整理する方法である。

【（　5　）～（　13　）の選択肢】

ア．連関図法　イ．親和図法　ウ．PDPC 法　エ．事実
オ．数値　カ．類似性　キ．互換性　ク．問題の明確
ケ．矢線　コ．不測の事態　サ．問題の複雑　シ．因果関係

【問題3】 **次の文章において，（　　）内に入る最も適切なものを下記選択肢から1つ選び，答えよ。ただし，各選択肢を複数回用いることはない。**

① ばらばらに得られた言語データを，それらの類似性によって整理してまとめることで，解決すべき問題を明らかにしたり，新しい発想を得たりする手法である。

手法名：（ 1 ）　　　概念図：（ 7 ）

② 作業と作業を矢線で結び，その順序関係を表すことにより，最適な日程計画を立て，計画の進度を効率良く管理する手法である。

手法名：（ 2 ）　　　概念図：（ 8 ）

③ ある問題に関連する要素を行と列に配置（二元的配置）し，要素どうしを組み合わせて考えることにより，問題解決への方向を見出す手法である。

手法名：（ 3 ）　　　概念図：（ 9 ）

④ 取り上げた問題に関して，結果と原因の関係を論理的に展開することによって，複雑に絡んだ問題を解きほぐし，重要要因を絞り込む手法である。

手法名：（ 4 ）　　　概念図：（ 10 ）

⑤ 方策の実行過程において，発生するかも知れない問題を予測し，事前に問題回避するための策を準備しておく手法である。

手法名：（ 5 ）　　　概念図：（ 11 ）

⑥ 対策案を目的と手段の関係で枝分かれさせながら，系統的に考えていくことによって，その解決策を得る手法である。

手法名：（ 6 ）　　　概念図：（ 12 ）

【（ 1 ）～（ 6 ）の選択肢】

ア．親和図法　イ．連関図法　ウ．系統図法　エ．PDPC法
オ．マトリックス図法　カ．アローダイヤグラム法
キ．マトリックス・データ解析法

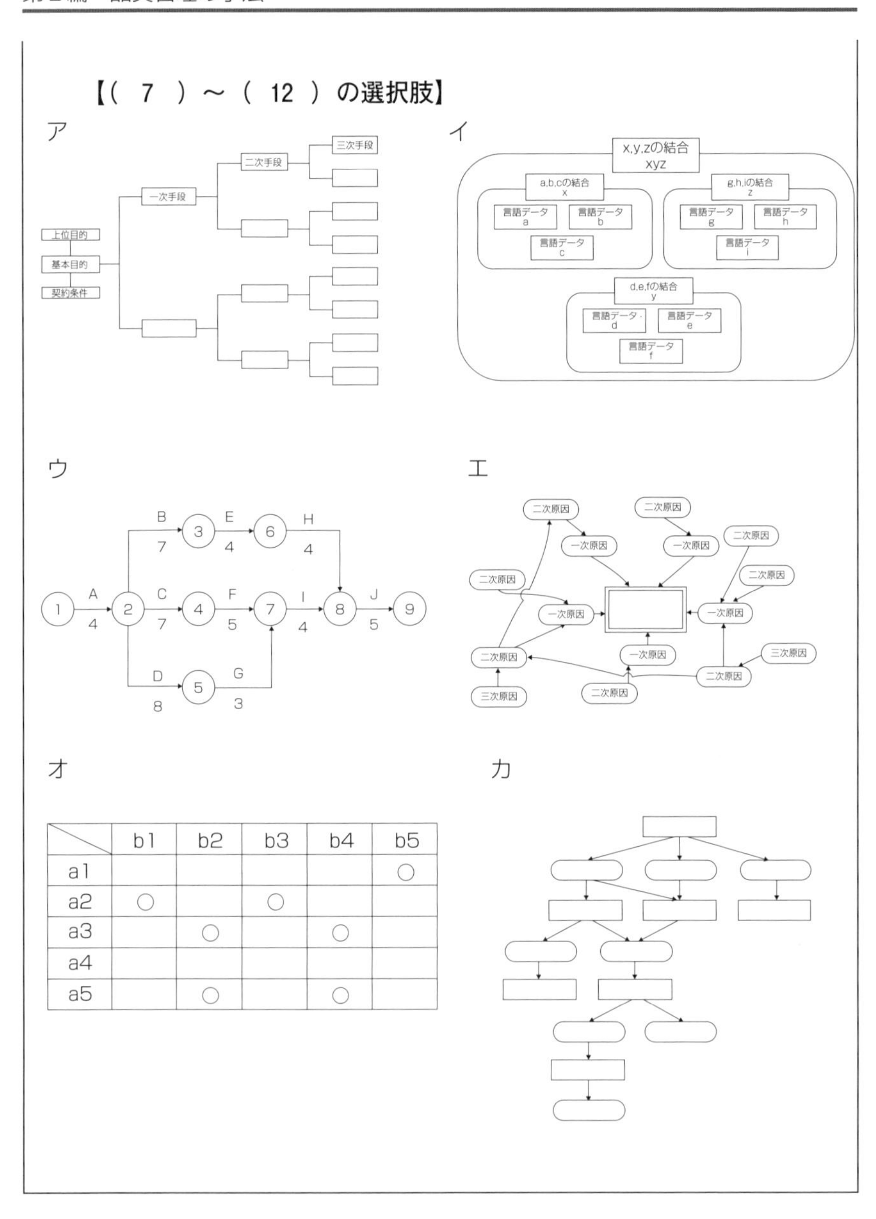

	b1	b2	b3	b4	b5
a1					○
a2	○		○		
a3		○		○	
a4					
a5		○		○	

解答と解説（新 QC 七つ道具）

【問題 1】

解答 (1) ア　(2) オ　(3) イ　(4) ウ　(5) カ
(6) キ　(7) エ　(8) オ

解説

(1) **親和性**でまとめ上げる手法は，**親和図法**である。
(2)「目的と手段」や「現象と要因」などの 2 要素間の関係を整理するのに便利な手法は，**マトリックス図法**である。
(3) 複雑に絡み合う問題の因果関係を明確にする手法は，**連関図法**である。
(4) 目的と手段の関係を多段に展開していく手法は，**系統図法**である。
(5) 最適な日程計画を作成して管理するのに便利な手法は，**アローダイヤグラム法**である。
(6) 行と列の多数要素の多次元数値データを集約して，解析する手法は，**マトリックス・データ解析法**である。
(7) 想定される問題に対して，あらかじめ対応計画を作っておく手法は，**PDPC 法**である。
(8) 行と列の 2 元表を作成し，行と列の交点に着目して着想を得るのに便利な手法は，**マトリックス図法**である。

【問題 2】

解答 (1) イ　(2) エ　(3) キ　(4) ウ　(5) イ　(6) エ
(7) カ　(8) ク　(9) ウ　(10) コ　(11) ア　(12) シ
(13) ケ

解説

(1) QC 七つ道具は主に**数値データ**を扱うが，新 QC 七つ道具は主に**言語データ**を取り扱う。
(2) 複雑に絡み合う問題の解析に役立つのが，**連関図法**である。
(3) 不測の事態を予測して，あらかじめ望ましい結果に至るプロセスを準備しておく手法は，**PDPC 法**である。
(4) 類似性で寄せ集めて，問題を整理するのが**親和図法**である。

(5)～(8) **親和図法**は，多くの**事実**や意見・発想などの言語データを，言葉の**類似性**で整理して，**問題の明確化**に使用されるものである。

(9)(10) **PDPC 法**は，実行段階で発生する様々な**不測の事態**を予測して，打開策を準備しておくものである。

(11)～(13) **連関図法**は，問題が複雑に絡み合っている場合に，その各要因の**因果関係**を**矢線**で結んで整理する方法である。

【問題 3】

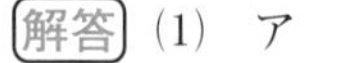

解答　(1)　ア　(2)　カ　(3)　オ　(4)　イ　(5)　エ　(6)　ウ
(7)　イ　(8)　ウ　(9)　オ　(10)　エ　(11)　カ　(12)　ア

解説

(1)(7) 得られた言語データを類似性によって整理するのは，**親和図法**である。概念図は，**イ**である。

(2)(8) 最適な日程計画を立て，効率良く日程管理する道具が，**アローダイヤグラム法**である。概念図は，**ウ**である。

(3)(9) 関連する要素を行と列に配置して，要素どうしを組み合わせて解決策を見出すのが，**マトリックス図法**である。概念図は，**オ**である。

(4)(10) 結果と原因の関係を論理的に展開して，問題解決の糸口を探るのが**連関図法**である。概念図は，**エ**である。

(5)(11) 発生するかも知れない事態を予測して，事前に回避策を準備する手法は，**PDPC 法**である。概念図は，**カ**である。

(6)(12) 目的と手段の関係で枝分かれさせ，系統的に解決策を得る手法は，**系統図法**である。概念図は，**ア**である。

第6章 統計的方法の基礎

出題頻度
★★★★☆

正規分布は，データが計量値（寸法や重量など）の場合の代表的な分布です。一方，二項分布は，データが計数値（不適合品数や不適合品率など）である場合の代表的な分布です。

1 正規分布

(1) 正規分布とは

計量値の代表的な分布である正規分布は，左右対称で中心付近の度数が多い，富士山型の分布です。データがx近辺の値を取る確率（**確率密度関数**）$f(x)$は下記式で表され，母平均μと母標準偏差σによって定められています。

確率密度関数
(連続分布)

$$f(x)=\frac{1}{\sqrt{(2\pi)}\cdot\sigma}\cdot e^{-\frac{(x-\mu)^2}{2\sigma^2}}$$

π：円周率（3.141…）
e：自然対数の底（2.718…）
μ：母平均　σ：母標準偏差

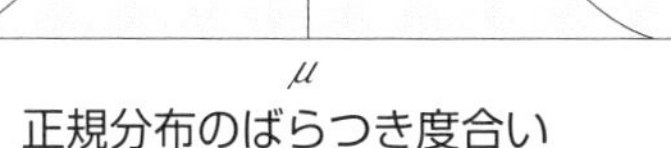

$N(\mu,\ \sigma^2)$
平均値がμ・分散がσ^2である正規分布は，$N(\mu,\ \sigma^2)$と表す

正規分布のばらつき度合い

<サンプルと母集団での記号の違い>

	サンプルの場合	母集団の場合
平均値	$\overline{X}$	μ（ミュー）
偏差平方和	S	－
標準偏差	s	σ（シグマ）
分散	$V(=s^2)$	σ^2

※品質管理では，データが母集団の値であるか，サンプルの値であるかを，記号で区別します。

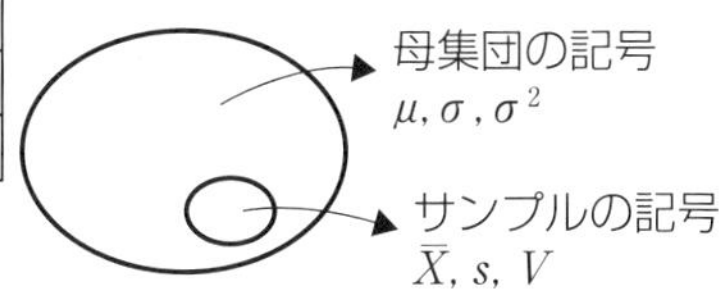

<標準正規分布>

確率変数 (x) が$N(\mu,\ \sigma^2)$ に従うとき，x を $u=(x-\mu)/\sigma$ に変換すると，確率変数 (u) は $N(0,\ 1^2)$ に従うことになります。この分布を**標準正規分布**といい，この操作を**標準化**といいます。

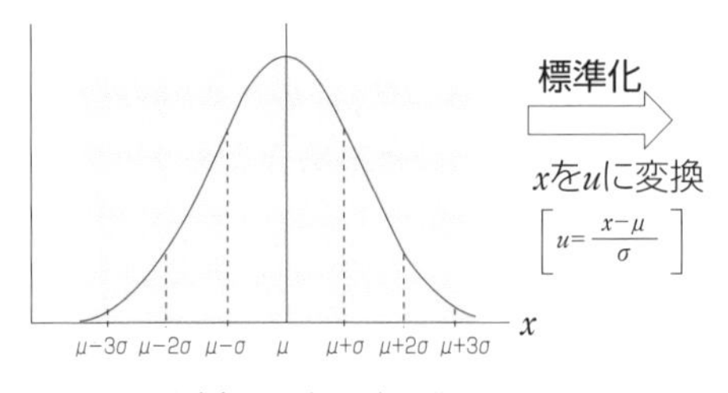

・確率変数(x)は$N(\mu,\sigma^2)$に従う　　・確率変数(u)は$N(0,1^2)$に従う

正規分布　　標準正規分布

☆上記の記号で，「μ」と「u」を間違わないように注意すること。

<正規分布表とは>

正規分布表とは，標準正規分布において，標準化された確率変数 (u) が，**K_p以上の値を取る確率を** P として，K_p と P の関係を一覧表にしたものです。

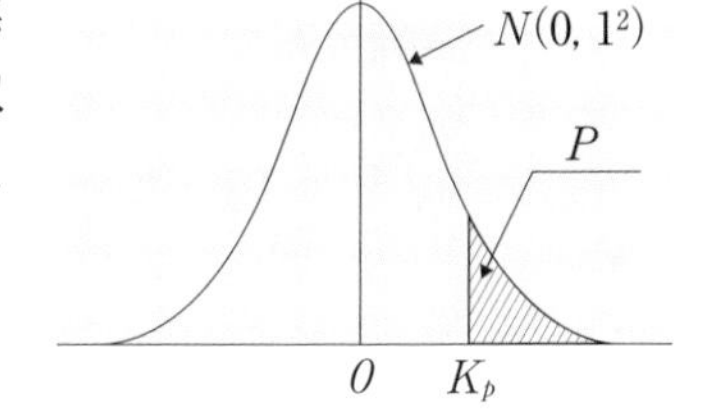

[正規分布表]

P

K_p	0	1	2	3		8	9
0.0	0.5000	0.4960	0.4920	0.4880		0.4681	0.4641
0.1	0.4602	0.4562	0.4522	0.4483		0.4286	0.4247
0.2	··	··	··	··	··	··	··
:	··	··	··	··	··	··	··
1.0	0.1587	0.1562	0.1539	0.1515	··	0.1401	0.1379
:	··	··	··	··	··	··	··
2.9	0.0019	0.0018	0.0018	0.0017	··	0.0014	0.0014
3.0	0.0013	0.0013	0.0013	0.0012	··	0.0010	0.0010

K_p 値

※表の左側の見出しは，K_p の小数点以下 1 桁目までの数値です。

表の上の見出しは，K_p の小数点以下 2 桁目の数値です。そして表中の値は，各K_pでの P の値を表しています。

(2) 確率計算手順

次の事例をもとに，正規分布表を使って確率を求める手順を示します。

> [事例]
> ある科目の試験結果が，平均60点，標準偏差5.0点の正規分布に従うとき，得点が70点以上である確率を求めよ。

手順1．イメージ図を描く。

内容の理解をし易くするために，右のような図を描きます。

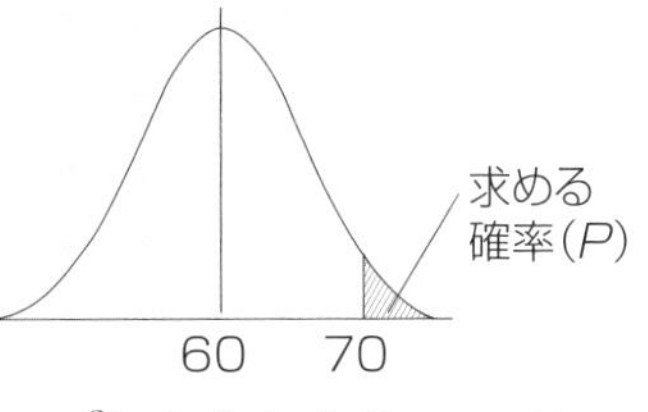

手順2．K_pを求める（標準化）。

上図の正規分布 $N(60,\ 5.0^2)$ を標準化すると，標準正規分布$N(0,\ 1^2)$ となります。$\mu=60$，$\sigma=5.0$ であるから，K_p 値は次式で求められます。

$$K_p=\frac{x-\mu}{\sigma}=\frac{70-60}{5.0}=2.00$$

手順3．正規分布表で確率を求める。

K_p（小数点以下2桁目）

K_p（小数点以下1桁目まで）

K_P	(＊＝0)	1	2	3	4	5
0.0*	.5000	.4960	.4920	.4880	.4840	.4801
0.1*	.4602	.4562	.4522	.4483	.4443	.4404
0.2*	.4207	.4168	.4129	.4090	.4052	.4013
0.3*	.3821	.3783	.3745	.3707	.3669	.3632
0.4*	.3446	.3409	.3372	.3336	.3300	.3264
0.5*	.3085	.3050	.3015	.2981	.2946	.2912
0.6*	.2743	.2709	.2676	.2643	.2611	.2578
0.7*	.2420	.2389	.2358	.2327	.2296	.2266
0.8*	.2119	.2090	.2061	.2033	.2005	.1977
0.9*	.1841	.1814	.1788	.1762	.1736	.1711
1.0*	.1587	.1562	.1539	.1515	.1492	.1469
1.1*	.1357	.1335	.1314	.1292	.1271	.1251
1.2*	.1151	.1131	.1112	.1093	.1075	.1056
1.3*	.0968	.0951	.0934	.0918	.0901	.0885
1.4*	.0808	.0793	.0778	.0764	.0749	.0735
1.5*	.0668	.0655	.0643	.0630	.0618	.0606
1.6*	.0548	.0537	.0526	.0516	.0505	.0495
1.7*	.0446	.0436	.0427	.0418	.0409	.0401
1.8*	.0359	.0351	.0344	.0336	.0329	.0322
1.9*	.0287	.0281	.0274	.0268	.0262	.0256
2.0	0.0228	.0222	.0217	.0212	.0207	.0202

① $K_p=2.00$の小数第1位までの数値を，正規分布表の左見出しから選びます。ここでは，「2.0」を選びます。

② 次に，$K_p=2.00$の小数第2位の数値を，正規分布表の上見出しから選びます。ここでは，「＊ ＝ 0」を選びます。

③ ①と②で選んだ数値の交点にある数値を読みます。この数値が，確率Pの値です。ここでは，$P=0.0228$（2.28%）となります。

以上より，**得点が70点以上である確率は，0.0228（2.28%）**となります。

(3) 正規分布表

① K_pから P を求める表

K_p	*＝0	1	2	3	4	5	6	7	8	9
0.0*	.5000	.4960	.4920	.4880	.4840	.4801	.4761	.4721	.4681	.4641
0.1*	.4602	.4562	.4522	.4483	.4443	.4404	.4364	.4325	.4286	.4247
0.2*	.4207	.4168	.4129	.4090	.4052	.4013	.3974	.3936	.3897	.3859
0.3*	.3821	.3783	.3745	.3707	.3669	.3632	.3594	.3557	.3520	.3483
0.4*	.3446	.3409	.3372	.3336	.3300	.3264	.3228	.3192	.3156	.3121
0.5*	.3085	.3050	.3015	.2981	.2946	.2912	.2877	.2843	.2810	.2776
0.6*	.2743	.2709	.2676	.2643	.2611	.2578	.2546	.2514	.2483	.2451
0.7*	.2420	.2389	.2358	.2327	.2296	.2266	.2236	.2206	.2177	.2148
0.8*	.2119	.2090	.2061	.2033	.2005	.1977	.1949	.1922	.1894	.1867
0.9*	.1841	.1814	.1788	.1762	.1736	.1711	.1685	.1660	.1635	.1611
1.0*	.1587	.1562	.1539	.1515	.1492	.1469	.1446	.1423	.1401	.1379
1.1*	.1357	.1335	.1314	.1292	.1271	.1251	.1230	.1210	.1190	.1170
1.2*	.1151	.1131	.1112	.1093	.1075	.1056	.1038	.1020	.1003	.0985
1.3*	.0968	.0951	.0934	.0918	.0901	.0885	.0869	.0853	.0838	.0823
1.4*	.0808	.0793	.0778	.0764	.0749	.0735	.0721	.0708	.0694	.0681
1.5*	.0668	.0655	.0643	.0630	.0618	.0606	.0594	.0582	.0571	.0559
1.6*	.0548	.0537	.0526	.0516	.0505	.0495	.0485	.0475	.0465	.0455
1.7*	.0446	.0436	.0427	.0418	.0409	.0401	.0392	.0384	.0375	.0367
1.8*	.0359	.0351	.0344	.0336	.0329	.0322	.0314	.0307	.0301	.0294
1.9*	.0287	.0281	.0274	.0268	.0262	.0256	.0250	.0244	.0239	.0233
2.0*	.0228	.0222	.0217	.0212	.0207	.0202	.0197	.0192	.0188	.0183
2.1*	.0179	.0174	.0170	.0166	.0162	.0158	.0154	.0150	.0146	.0143
2.2*	.0139	.0136	.0132	.0129	.0125	.0122	.0119	.0116	.0113	.0110
2.3*	.0107	.0104	.0102	.0099	.0096	.0094	.0091	.0089	.0087	.0084
2.4*	.0082	.0080	.0078	.0075	.0073	.0071	.0069	.0068	.0066	.0064
2.5*	.0062	.0060	.0059	.0057	.0055	.0054	.0052	.0051	.0049	.0048
2.6*	.0047	.0045	.0044	.0043	.0041	.0040	.0039	.0038	.0037	.0036
2.7*	.0035	.0034	.0033	.0032	.0031	.0030	.0029	.0028	.0027	.0026
2.8*	.0026	.0025	.0024	.0023	.0023	.0022	.0021	.0021	.0020	.0019
2.9*	.0019	.0018	.0018	.0017	.0016	.0016	.0015	.0015	.0014	.0014
3.0*	.0013	.0013	.0013	.0012	.0012	.0011	.0011	.0011	.0010	.0010
3.5	.2326E-3									
4.0	.3167E-4									
4.5	.3398E-5									
5.0	.2867E-6									
5.5	.1899E-7									

※正規分布表は，$K_p \geqq 0$ の範囲しか記載はありません。$u=0$ に対して左右対称であることより，左側の値は「$-K_p$」として求める。

② P からK_pを求める表

P	*＝0	1	2	3	4	5	6	7	8	9
0.00*	∞	3.090	2.878	2.748	2.652	2.576	2.512	2.457	2.409	2.366
0.0*	∞	2.326	2.054	1.881	1.751	1.645	1.555	1.476	1.405	1.341
0.1*	1.282	1.227	1.175	1.126	1.080	1.036	.994	.954	.915	.878
0.2*	.842	.806	.772	.739	.706	.674	.643	.613	.583	.553
0.3*	.524	.496	.468	.440	.412	.385	.358	.332	.305	.279
0.4*	.253	.228	.202	.176	.151	.126	.100	.075	.050	.025

※表の左側の見出しは，P の値の小数点以下 1 桁目の数値を表し，表の上の見出し は小数点以下 2 桁目の数値を表す。そして表中の値は，K_p の値を表す。

<標準正規分布と確率>

正規分布表から各々の範囲に含まれる確率は，右のグラフのようになります。

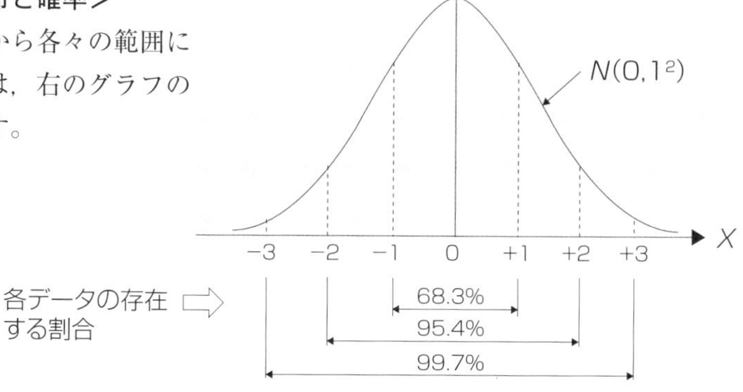

(4) 正規分布の例題

【例題 1】

正規分布表を使って，下表における P と K_p の値を求めよ。

K_P	P	K_P	P
0.31	（ ① ）	（ ③ ）	0.2643
0.84	（ ② ）	（ ④ ）	0.1469

[解答]

① 正規分布表より，$K_p=0.31$のとき，$P=0.3783$である。

② 正規分布表より，$K_p=0.84$のとき，$P=0.2005$である。

③ 正規分布表より，$P=0.2643$のとき，$K_p=0.63$である。

④ 正規分布表より，$P=0.1469$のとき，$K_p=1.05$である。

K_p	* = 0	①	2	③	④	⑤	6
0.0*	.5000	.4960	.4920	.4880	.4840	.4801	.4761
0.1*	.4602	.4562	.4522	.4483	.4443	.4404	.4364
0.2*	.4207	.4168	.4129	.4090	.4052	.4013	.3974
0.3*	.3821	.3783	.3745	.3707	.3669	.3632	.3594
0.4*	.3446	.3409	.3372	.3336	.3300	.3264	.3228
0.5*	.3085	.3050	.3015	.2981	.2946	.2912	.2877
0.6*	.2743	.2709	.2676	.2643	.2611	.2578	.2546
0.7*	.2420	.2389	.2358	.2327	.2296	.2266	.2236
0.8*	.2119	.2090	.2061	.2033	.2005	.1977	.1949
0.9*	.1841	.1814	.1788	.1762	.1736	.1711	.1685
1.0*	.1587	.1562	.1539	.1515	.1492	.1469	.1446

【例題２】

ある工場で部品を加工している。この部品の長さ寸法は，下記の正規分布に従っている。

長さの母平均（μ）100.00cm　母標準偏差（σ）0.10cm

この中からサンプルを１個採取したとき，サンプルが「長さ99.80以下」となる確率を求めよ。

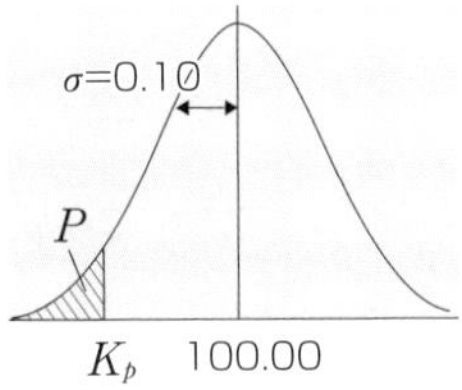

σ=0.10

P

K_p　100.00

［解答］

① まず，問題のイメージ図は右記通りとなる。

② 次に，この「99.80」という数値が母平均μから

どの程度離れているかを知るために，uの値を求める。

$u=（x-\mu）／\sigma=(99.80\text{-}100.00)／0.10=-2.0$

③ ここで，標準正規分布で「$u=-2.0$以下の確率」は，（正規分布は左右対称であるので）「＋2.0以上の確率」と等しくなる。従って，Pは下記により求まる。

$u=K_p=2.0$のとき，$P=0.0228$と求まる。

したがって，長さ100.20以上となる確率は，0.0228（2.28%）となる。

2 二項分布

(1) 二項分布とは

不適合品数など計数値の場合は，二項分布に従います。不適合品率 P の母集団から n 個のサンプルを抜き取ったとき，サンプル中に含まれる不適合品数が x となる確率は，$P(x)$ となります。

確率関数（離散分布）

$$P(x) = {}_nC_x \cdot P^x (1-P)^{n-x}$$
$$= \frac{n!}{x!(n-x)!} \cdot P^x \cdot (1-P)^{n-x}$$

$P(x)$：サンプル中に不適合品の数が x となる確率
n：サンプル数
x：不適合品数
P：不適合品率

※参考

$x! = x \times (x-1) \times \cdots\cdots \times 2 \times 1$

（x の階乗（かいじょう）と読む。また，0（ゼロ）の階乗（0 !）は 1である。）

不適合品数の平均と分散は，次のように表わします。

・不適合品数の平均　$E(x) = nP$

・不適合品の分散　$V(x) = nP(1-P)$

一方，不適合品率の平均と分散は，次のようになります。

・不適合品率の平均　$E(P) = P$

・不適合品率の分散　$V(P) = P(1-P) / n$

一般に二項分布は，$\boldsymbol{B}$（$\boldsymbol{n}$, $\boldsymbol{P}$）と表わします。

(2) 二項分布の例題

【例題1】

不適合品率 $P=0.20$ の工程において，サンプルを3個抜き取ったとき，サンプル中に不適合品が0個，1個，2個，3個含まれる各々の確率を求めよ。

[解答]

この問題では，サンプル数 $n=3$，不適合品率 $P=0.20$ であり，不適合品数 x を0，1，2，3と変化したときの $P(x)$ を求める。

(1) まず，不適合品数 $x=0$ となる確率を求める。

○○○

$$P(0)={}_3C_0 \cdot 0.20^0(1-0.20)^{3-0}=1\times1\times0.80^3=0.512$$

(2) 次に，不適合品数 $x=1$ となる確率を求める。

○○●　○●○　●○○

$$P(1)={}_3C_1 \cdot 0.20^1(1-0.20)^{3-1}=3\times0.20\times0.80^2=0.384$$

(3) 次に，不適合品数 $x=2$ となる確率を求める。

○●●　●○●　●●○

$$P(2)={}_3C_2 \cdot 0.20^2(1-0.20)^{3-2}=3\times0.20^2\times0.80^1=0.096$$

(4) 最後に，不適合品数 $x=3$ となる確率を求める。

●●●

$$P(3)={}_3C_3 \cdot 0.20^3(1-0.20)^{3-3}=1\times0.20^3\times1=0.008$$

ここで，○は適合品，●は不適合品を表します。

※上記において，各確率をすべて足すと1になります。

$$P(0)+P(1)+P(2)+P(3)=0.512+0.384+0.096+0.008$$
$$=1.000$$

(参考)

$${}_3C_0=\frac{3!}{0!(3-0)!}=\frac{3\times2\times1}{1\times(3\times2\times1)}=1$$

$${}_3C_1=\frac{3!}{1!(3-1)!}=\frac{3\times2\times1}{1\times(2\times1)}=3$$

$${}_3C_2=\frac{3!}{2!(3-2)!}=\frac{3\times2\times1}{2\times1\times(1)}=3$$

$${}_3C_3=\frac{3!}{3!(3-3)!}=\frac{3\times2\times1}{3\times2\times1\times1}=1$$

第6章のチェックポイント

(1) 正規分布とは，**データが計量値**（寸法や重量など）の場合の代表的な分布であり，左右対称の富士山型の分布をしている。

(2) 正規分布の発生確率は下記式で表される。

確率密度関数
（連続分布）
$$f(x)=\frac{1}{\sqrt{(2\pi)}\cdot\sigma}\cdot e^{-\frac{(x-\mu)^2}{2\sigma^2}}$$

上記の正規分布（平均値 μ・分散 σ^2）は，$\boldsymbol{N(\mu,\ \sigma^2)}$ と表される。

確率変数 x は $N(\mu,\ \sigma^2)$ に従う。

(3) 確率変数 x の標準化

確率変数 x が $N(\mu,\ \sigma^2)$ に従うとき，x を $u=(x-\mu)/\sigma$ に変換すると，確率変数（u）は $N(0,\ 1^2)$ に従うことになる。この分布を**標準正規分布**といい，この操作を**標準化**という。

・**標準化とは** ⟶ x を $u=\frac{x-\mu}{\sigma}$ に置き換えること。

・**標準化により** ⟶ **確率変数 u は標準正規分布 $N(0,\ 1^2)$ に従う。**
　　　　　　　　 ⟶ **正規分布表から確率が求められる。**

(4) 二項分布とは，**データが計数値**（不適合品数や不適合品率など）である場合の代表的な分布である。

(5) 二項分布の発生確率は，下記式で表される。

確率関数
（離散分布）
$$P(x)=\frac{n!}{x!(n-x)!}\cdot P^x\cdot(1-P)^{n-x}$$

上記の二項分布（サンプル数 n・不適合品率 P）は，$\boldsymbol{B(n,\ P)}$ と表される。**確率変数 x は $B(n,\ P)$ に従う。**

演習問題〈統計的方法の基礎〉

【問題１】 **統計的方法の基礎に関する次の文章で，正しいものには○を，正しくないものには×を選び，答えよ。**

①ある値をとる確率が決まっている変数のことを「確率変数」という。（ 1 ）

②確率変数がある値となる確率を表現したものを確率分布という。（ 2 ）

③データが計量値であるときの代表的な分布は二項分布であり，平均値を中心として左右対称の形をしている。（ 3 ）

④長さの平均値 μ，分散 σ^2 の分布は，二項分布 $N(\mu,\ \sigma^2)$ に従う。（ 4 ）

⑤不適合品数の平均 nP，分散 $nP(1-P)$ の分布は，正規分布 $B(n,\ P)$ と表される。（ 5 ）

⑥標準正規分布とは，「確率変数 x を $u=(x-\mu)/\sigma$ に変換したときの確率変数 u の分布のこと」である。（ 6 ）

⑦標準正規分布とは，平均値が０，標準偏差が１となる正規分布のことである。（ 7 ）

⑧正規分布表とは，「確率変数 u が K_p 値以上となる確率 P をまとめた表」のことである。（ 8 ）

⑨正規分布では，平均値 ±２σ の範囲内に全体の約68％のデータが入っている。（ 9 ）

⑩平均値24，標準偏差3.0の正規分布において，測定値27以上となる確率を求めたい。測定値27の u 値は2.0である。（ 10 ）

【問題2】 **次の文章において，（　）内に入る最も適切なものを下記選択肢から1つ選び，答えよ。ただし，各選択肢を複数回用いることはない。**

① ある部品の製造が安定した工程で，データの分布も左右対称の形をしており，確率変数（u）が標準正規分布 $N(0,\ 1^2)$ に従うとされている。

- 確率変数 u が「$u \geqq 1.00$」となる確率は（　1　）である。
- 確率変数 u が「$u \leqq 1.12$」となる確率は（　2　）である。
- 確率変数 u が「$u \leqq -1.53$」となる確率は（　3　）である。
- 確率変数 u が「$-1.00 \leqq u \leqq +1.00$」となる確率は（　4　）である。

【（　1　）～（　4　）の選択肢】

ア．0.0075　　イ．0.0630　　ウ．0.1314　　エ．0.1587
オ．0.1841　　カ．0.240　　キ．0.6826　　ク．0.750
ケ．0.8686　　コ．0.9430

② ある製品の重さが，平均 μ=20.0（g），標準偏差 σ=0.5（g）であった。この製品には上限規格があり，上限規格＝21.0（g）と定められている。この場合に，製品の重さが21.0（g）以上となる確率 P を求めよ。

- まず，21.0のK_p値を求める。 K_p=（　5　）
- 正規分布表より，K_p値から確率 P を求める。
  P=（　6　）
- 従って，重さが21.0g 以上となる確率（%）は次のようになる。
  （　7　）%

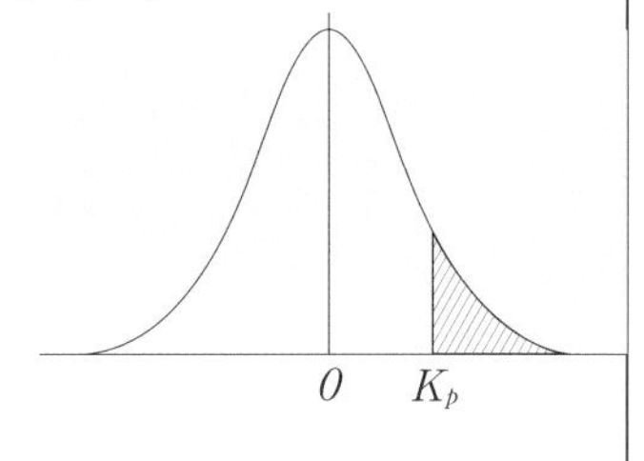

【（　5　）～（　7　）の選択肢】

ア．0.0013　　イ．0.0228　　ウ．0.10　　エ．0.1587
オ．1.00　　カ．2.00　　キ．2.28　　ク．3.00

【問題3】 次の文章において，（　　　）内に入る最も適切なものを下記選択肢から１つ選び，答えよ。ただし，各選択肢を複数回用いることはない。

ランダムに n 個の部品を抜き取ったとき，その中に x 個の不適合品が発見されたとする。このとき，１つの部品が不適合品となる確率を P とする。

ここで，$n=3$　$P=0.2$　とする。

① このとき，不適合品 $x=0$　となる確率は　（　１　）である。

② 次に，$x=1$ となる確率を求める。
この $x=1$ となるパターンは３通りが考えられる。例えば「不適合品・適合品・適合品」となる確率は（　２　）となる。他の２パターンについても同じ確率なので，これらを合わせて $x=1$ となる確率は（　３　）となる。

③ 次に，$x=2$ となる確率を求める。
この $x=2$ となるパターンも３通りが考えられる。例えば「不適合品・不適合品・適合品」となる確率は（　４　）となる。他の２パターンについても同じ確率なので，これらを合わせて $x=2$ となる確率は（　５　）となる。

④ 最後に，$x=3$ となる確率を求めると（　６　）となる。

1個目　　2個目　　3個目

n=3個の抜き取り　○　○　○

それぞれ不適合品である確率P

以上，$x=0$，1，2，3のとりうる値をすべて加えると，（　７　）となる。
すなわち，（　１　）＋（　３　）＋（　５　）＋（　６　）＝1.000　である。

【選択肢】

ア．0.000　イ．0.008　ウ．0.024　エ．0.032　オ．0.096
カ．0.128　キ．0.196　ク．0.200　ケ．0.384　コ．0.512
サ．0.648　シ．0.800　ス．1.000

解答と解説（統計的方法の基礎）

【問題１】

解答　(1)　○　　(2)　○　　(3)　×　　(4)　×　　(5)　×

　　　(6)　○　　(7)　○　　(8)　○　　(9)　×　　(10)　×

解説

(3) データが計量値であるときの分布は**正規分布**である。（二項分布との記述は誤り）正規分布は，平均値を中心に左右対称との記述は正しい。

(4) 平均値μ，分散σ^2の分布N（μ，σ^2）は，計量値であるから二項分布ではなく**正規分布**である。

(5) 不適合品数の平均値nP，分散nP（$1-P$）の分布B（n，P）は，計数値であるから正規分布ではなく**二項分布**である。

(6) 本文は正しい。この確率変数xを$u=(x-\mu)/\sigma$に変換することを**標準化**という。

(9) 平均値 ± 2 σの範囲内に入るのは，全体の約95％である。

(10) 標準化したときのu値は，$u=\dfrac{x-\mu}{\sigma}=\dfrac{27-24}{3.0}=1.0$である。

【問題２】

解答　(1)　エ　　(2)　ケ　　(3)　イ　　(4)　キ　　(5)　カ

　　　(6)　イ　　(7)　キ

解説

(1)「確率変数$u \geqq 1.00$となる確率」ということは，「$K_p=1.00$での確率P」を求めることである。したがって正規分布表より，$P=$**0.1587**となる。

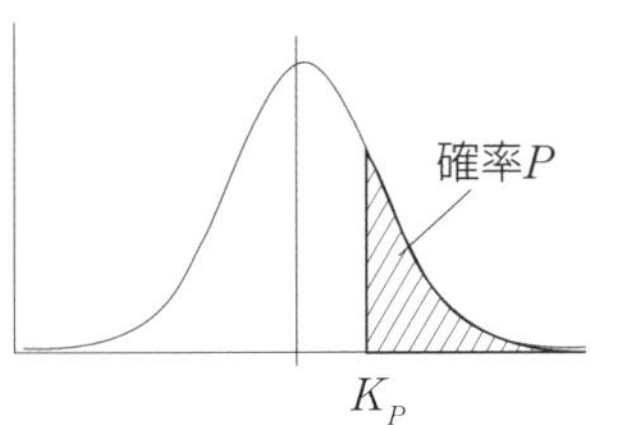

［正規分布表］

K_p	*＝0	1	2	3	4	5
：	：	：	：	：	：	：
0.8*	.2119	.2090	.2061	.2033	.2005	.1977
0.9*	.1841	.1814	.1788	.1762	.1736	.1711
1.0*	.1587	.1562	.1539	.1515	.1492	.1469

(2)「確率変数$u \leqq 1.12$となる確率」を求めることは，全体1.00から「K_p $=1.12$での確率P」を引けば良い。

正規分布表より，$K_p=1.12$のとき$P=0.1314$である。したがって，求める確率は$1.00-P=$**0.8686**　となる。

［正規分布表］

K_p	*＝0	1	2	3	4	5
:	:	:	:	:	:	:
0.8*	.2119	.2090	.2061	.2033	.2005	.1977
0.9*	.1841	.1814	.1788	.1762	.1736	.1711
1.0*	.1587	.1562	.1539	.1515	.1492	.1469
1.1*	.1357	.1335	.1314	.1292	.1271	.1251
1.2*	.1151	.1131	.1112	.1093	.1075	.1056

(3)「確率変数uが$u \leqq -1.53$となる確率」は，正規分布表は左右対称であるから，$K_p=1.53$での確率Pを求めれば良い。

$P=$**0.0630**

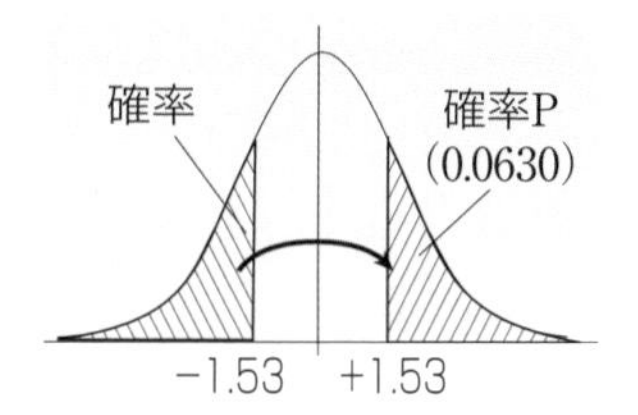

(4)「確率変数$-1.00 \leqq u \leqq +1.00$となる確率$P_A$」は，全体1から「$K_p=1.00$での確率$P_1$および$P_2$を引けば良い。

正規分布表より，$K_p=1.00$のとき$P_1=0.1587$である。

したがって，求める値P_Aは下記式により求められる。

$P_A=1-(P_1+P_2)\ =1-(0.1587+0.1587)$

$=$**0.6826**

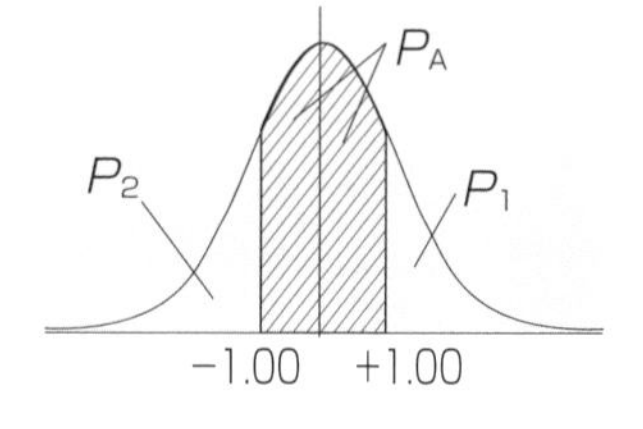

(5)K_p値は下記式により求められる。

$$K_p=\frac{x-\mu}{\sigma}=\frac{21-20}{0.5}=\mathbf{2.00}$$

(6)正規分布表より，K_p値からPを求める。

$K_p=2.00$のとき　$P=$**0.0228**

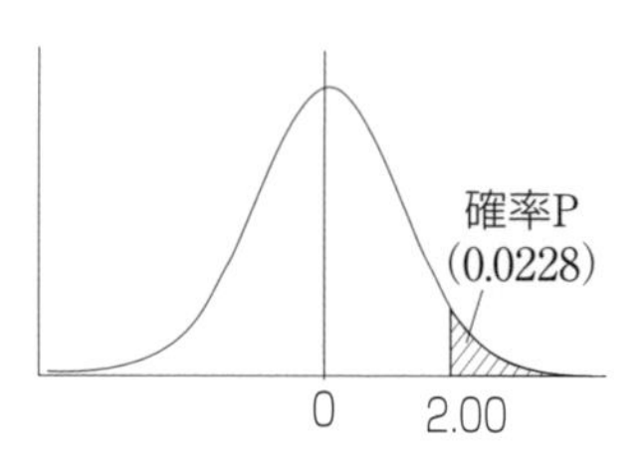

(7)したがって，上記値を単位%に置き換えると，**2.28%**となる。

【問題３】

解答 (1) コ　(2) カ　(3) ケ　(4) エ　(5) オ
(6) イ　(7) ス

解説

(1)「$x=0$」ということは，抜き取ったサンプルは，すべて（$n=3$）が適合品ということである。
不適合品率 $P=0.2$ であるから，１個のサンプルが適合品である確率は $1-0.2=0.8$ であり，３個とも適合品である確率は下記通りとなる。

○　○　○

0.8 × 0.8 × 0.8 ＝ **0.512**

(2)「$x=1$ となる確率」ということは，例えば「不適合品・適合品・適合品」となる確率は，下記通りとなる。

●　○　○

0.2 × 0.8 × 0.8 ＝ **0.128**

(3) これが３パターンあるから，$x=1$ となる確率は次の３通りとある。

●○○　○●○　○○●

0.128 ＋ 0.128 ＋ 0.128 ＝ **0.384**

(4)「$x=2$ となる確率」ということは，例えば「不適合品・不適合品・適合品」となる確率は，下記通りとなる。

●　●　○

0.2 × 0.2 × 0.8 ＝ **0.032**

(5) これが３パターンあるから，$x=2$ となる確率は下記通りとなる。

●●○　●○●　○●●

0.032 ＋ 0.032 ＋ 0.032 ＝ **0.096**

(6)「$x=3$ となる確率」ということは，抜き取ったサンプルは，すべてが不適合品ということである。
　不適合品率 $P=0.2$ であるから，３個とも不適合品である確率は下記通りとなる。

●　●　●

0.2 × 0.2 × 0.2 ＝ **0.008**

(7) x の値は，0・1・2・3の４通りしかとらないので，すべての確率を加えると。1.000となる。
　$x=0$，1，2，3となる確率合計
　　0.512＋0.384＋0.096＋0.008＝**1.000**

統計的方法の基礎

第7章 相関分析

出題頻度
★★★☆☆

1 相関分析の基本

工程において，２種類の測定値 x と y の相関関係を見るには，散布図を作成しておおよその判断をします。さらに詳しく調べたいときには相関係数を求めて，相関関係の程度を定量的に評価します。

(1) 相関係数

相関係数とは，**２つの値の相関の強さを表わす指標**です。相関係数は，対応する２つのデータ（x と y）に基づいて，次の式で求められます。

相関係数　$r=\dfrac{S_{xy}}{\sqrt{(S_{xx}\cdot S_{yy})}}$

[相関係数と相関の強さ]

相関係数	相関の強さ	相関係数	相関の強さ
$1.0\geqq r\geqq 0.7$	強い正の相関がある	$-0.7\geqq r\geqq -1.0$	強い負の相関がある
$0.7>r\geqq 0.4$	正の相関がある	$-0.4>r\geqq -0.7$	負の相関がある
$0.4>r\geqq 0.2$	弱い正の相関がある	$-0.2>r\geqq -0.4$	弱い負の相関がある
$0.2>r\geqq 0.0$	相関がない	$0.0>r\geqq -0.2$	相関がない

※ r の値　0：無相関，プラス：正の相関，マイナス：負の相関

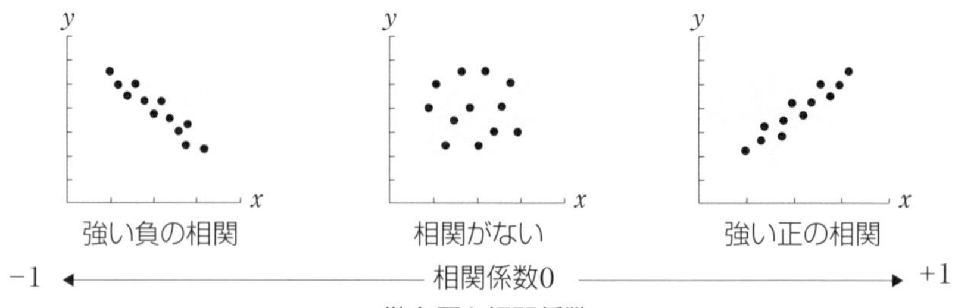

散布図と相関係数

(2) 相関係数の計算

偏差平方和 S_{xx}・S_{yy} および偏差積和 S_{xy} は，次の式で求められます。

① x の偏差平方和

$$S_{xx}=\Sigma(x_i-\bar{x})^2=\Sigma x_i^2-\frac{(\Sigma x_i)^2}{n}$$

② y の偏差平方和

$$S_{yy}=\Sigma(y_i-\overline{y})^2=\Sigma y_i^2-\frac{(\Sigma y_i)^2}{n}$$

③ x と y の偏差積和

$$S_{xy}=\Sigma(x_i-\overline{x})(y_i-\overline{y})=\Sigma x_i y_i-\frac{(\Sigma x_i)(\Sigma y_i)}{n}$$

2 事例演習

ある製造工程から製品10個をランダムに抜き取り，寸法測定を行った。製品の品質特性を表す変数 x と変数 y の測定結果は下表のとおりである。相関係数を求めよ。

［測定データ］

No.	x	y	x^2	y^2	xy
1	6	7	36	49	42
2	4	4	16	16	16
3	3	3	9	9	9
4	6	5	36	25	30
5	5	5	25	25	25
6	5	4	25	16	20
7	5	4	25	16	20
8	2	4	4	16	8
9	4	5	16	25	20
10	4	4	16	16	16
計	44	45	208	213	206

［解答］

手順 1． 測定データに基づいて平均値 $\overline{x}$，$\overline{y}$ を求める。

平均値　$\overline{x}=\frac{44}{10}=4.4$　　　$\overline{y}=\frac{45}{10}=4.5$

手順 2． 偏差平方和 S_{xx}・S_{yy} および偏差積和 S_{xy} を求める。

・偏差平方和　$S_{xx}=\Sigma x_i^2-(\Sigma x_i)^2/10=208-44^2/10=14.4$

$S_{yy}=\Sigma y_i^2-(\Sigma y_i)^2/10=213-45^2/10=10.5$

・偏差積和　$S_{xy}=\Sigma x_i y_i-(\Sigma x_i)(\Sigma y_i)=206-44\times45/10=8.0$

以上により，x と y の相関係数 r を求めると次のようになる。

・相関係数　$r=\frac{S_{xy}}{\sqrt{(S_{xx}\cdot S_{yy})}}=\frac{8.0}{\sqrt{(14.4\times10.5)}}=0.65$

第7章のチェックポイント

（1）相関分析の手順

工程において，2種類の測定値 x と y の相関関係を見るために**散布図**を作成する。さらに詳しく調べたいときには，相関係数を求めて，相関関係の程度を数値化する。

（2）相関係数とは，2つの値の相関の強さを表わす指標である。対応する2つを x と y とすると，相関係数 r は次式で表される。

相関係数　$$r=\frac{S_{xy}}{\sqrt{(S_{xx}\cdot S_{yy})}}$$

（3）相関係数を求める式において，偏差平方和 S_{xx}・S_{yy} および偏差積和 S_{xy} は，次式で表される。

x の偏差平方和　$$S_{xx}=\Sigma(x_i-\overline{x})^2=\Sigma x_i^2-\frac{(\Sigma x_i)^2}{n}$$

y の偏差平方和　$$S_{yy}=\Sigma(y_i-\overline{y})^2=\Sigma y_i^2-\frac{(\Sigma y_i)^2}{n}$$

x と y の偏差積和　$$S_{xy}=\Sigma(x_i-\overline{x})(y_i-\overline{y})=\Sigma x_i y_i-\frac{(\Sigma x_i)(\Sigma y_i)}{n}$$

（4）相関係数の評価は，下記通りである。

±1.0～±0.7	強い相関	±0.4～±0.2	弱い相関
±0.7～±0.4	相関有り	±0.2～0.0	相関無し

演習問題〈相関分析〉

【問題 1】 **次の文章において,（　　）内に入る最も適切なものを下欄の選択肢から選び，答えよ。ただし，各選択肢を複数回用いることはない。**

① 相関分析では，二つの変数間にどのような相関関係があるかを把握するために，まず（ 1 ）を作成するのが望ましい。

② 相関関係があるとは，二つの変数間に直線的な関係があることをいう。その相関関係の程度を量的に表す指標として（ 2 ）がある。

③ この（ 2 ）の値は，－1から＋1の範囲をとり，この（ 2 ）の値の絶対値は，相関の（ 3 ）を表す。

④（ 2 ）の値が0（ゼロ）近辺のときは（ 4 ）であることを表している。

【選択肢】

ア．パレート図　イ．散布図　ウ．グラフ　エ．相関係数
オ．回帰計数　カ．強さ　キ．正の相関　ク．無相関

【問題 2】 **次の散布図の評価はどれであるか。最も適切なものを下記選択肢から 1 つ選び，答えよ。**

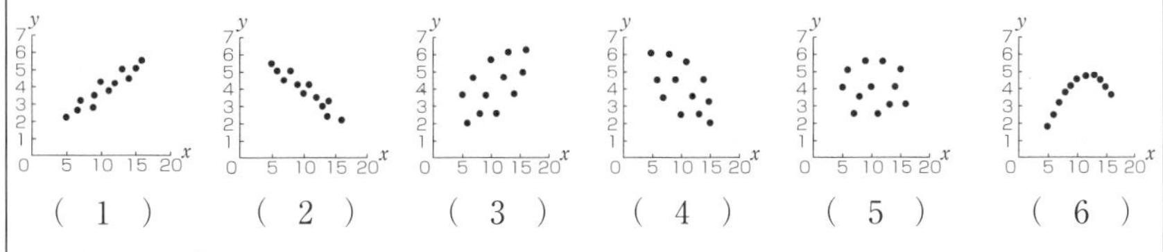

（ 1 ）　（ 2 ）　（ 3 ）　（ 4 ）　（ 5 ）　（ 6 ）

【選択肢】

ア．正の相関がある　イ．強い正の相関がある　ウ．相関がない
エ．負の相関がある　オ．強い負の相関がある　カ．曲線的関係がある

【問題 3】 **散布図に関する次の文章において，(　　　) 内に入る最も適切なものを下記選択肢から 1 つ選び，答えよ。**

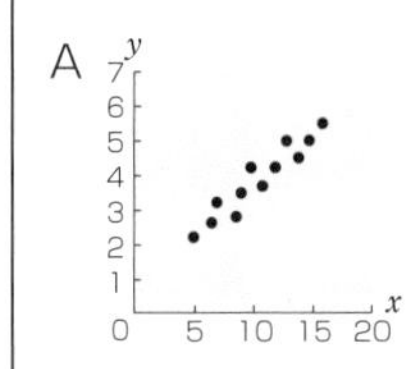

上図（A・B・C・D）における相関係数 r について，大きい順に並べると次のようになる。

（　1　）＞（　2　）＞（　3　）＞（　4　）

【選択肢】

ア．A　　イ．B　　ウ．C　　エ．D　　オ．E

【問題 4】 **散布図に関する次の文章において，(　　　) 内に入る最も適切なものを下記選択肢から 1 つ選び，答えよ。**

塗装における塗装膜厚 x と塗着率 y との相関係数を求めるにあたり，まず下記値を求めた。(サンプル数n=10)

$\Sigma x_i=80$　　$\Sigma y_i=220$

$\Sigma x_i^2=688$　　$\Sigma y_i^2=5,080$　　$\Sigma x_i y_i=1,812$

①x の偏差平方和 S_{xx} は（　1　）である。

②y の偏差平方和 S_{yy} は（　2　）である。

③x と y の偏差積和 S_{xy} は（　3　）である。

④x と y の相関係数 r の値は（　4　）である。

【選択肢】

ア．0.32　　イ．0.48　　ウ．0.64　　エ．32　　オ．48

カ．52　　キ．64　　ク．198　　ケ．220　　コ．240

解答と解説（相関分析）

【問題１】

解答 (1) イ　(2) エ　(3) カ　(4) ク

解説

(1) **散布図**作成により，おおよその相関関係の把握ができる。

(2) 相関の程度を統計的（量的）に表す指標が**相関係数**である。

(3) 相関係数は $-1\sim+1$ の範囲の値である。この値の絶対値は，相関の**強さ**を表す。

(4) 相関係数の値が0（ゼロ）近辺のときは**無相関**である。

【問題２】

解答 (1) イ　(2) オ　(3) ア　(4) エ　(5) ウ
(6) カ

解説

(1) x が増加すると y も直線的に増加する強い傾向がある。これを，**強い正の相関がある**という。

(2) x が増加すると y は直線的に減少する強い傾向がある。これを，**強い負の相関がある**という。

(3) x が増加すると y も直線的に増加する傾向がある。これを，**正の相関がある**という。

(4) x が増加すると y は直線的に減少する傾向がある。これを，**負の相関がある**という。

(5) x が増加しても y に増減の傾向がない。これを，**相関がない**という。

(6) x と y の関係が曲線的である。これを，**曲線的関係がある**という。

【問題３】

解答 (1) ア　(2) イ　(3) ウ　(4) エ

解説

相関係数は，対になった2つの変数間の直線関係の強さを表すもので，－1～＋1の値をとる。$r=1$ に近いほど正の相関が強く，$r=-1$ に近いほど負の相関が強い。

(1) r が最も大きいのは，正の強い相関（直線的）であるAである。

(2) 次に r が大きいのは，正の相関のあるBである。

(3) その次に r が大きいのは，0近辺（相関が無い）であるCである。

(4) 最後は，r が負の値（x が大きくなると y が小さくなる）をとるDである。

【問題4】

解答 (1)　オ　　(2)　コ　　(3)　カ　　(4)　イ

解説

(1) x の偏差平方和

$$S_{xx}=\Sigma x_i^2-(\Sigma x_i)^2/10=688-\frac{80^2}{10}=\mathbf{48}$$

(2) y の偏差平方和

$$S_{yy}=\Sigma y_i^2-(\Sigma y_i)^2/10=5,080-\frac{220^2}{10}=\mathbf{240}$$

(3) x と y の偏差積和

$$S_{xy}=\Sigma x_i y_i-(\Sigma x_i)(\Sigma y_i)/10=1,812-\frac{80\times 220}{10}=\mathbf{52}$$

(4) 相関係数 r

$$r=\frac{S_{xy}}{\sqrt{(S_{xx}\cdot S_{yy})}}=\frac{52}{\sqrt{(48\cdot 240)}}=\mathbf{0.48}$$

索　引

Memo

Memo

Memo

著者略歴

高野　左千夫

●職　歴

1975年　神戸大学工学部卒業

1975年　ダイキン工業（株）入社

エアコン・冷凍機の設計・開発や生産管理・品質管理・品質保証などの業務に従事

2011年　「たかの経営研究所」設立

- 京都産業21の専門員として，中小ものづくり企業の「経営改善」「生産性向上」「省エネ推進」などの支援活動
- 近畿職業能力開発大学校にて，「小集団改善活動」「なぜなぜ分析（ポカヨケ）」などのセミナー講師
- 東大阪商工会議所などで，「QC 検定２級・３級・４級」「特級技能検定」の受験講座講師

●保有資格

- 中小企業診断士
- 品質管理検定（QC 検定）１級
- エネルギー管理士
- 第１種冷凍機械製造保安責任者

●著　書

- よくわかる特級技能検定合格テキスト＆問題集（弘文社）
- よくわかる第１種・第２種冷凍機械責任者試験（弘文社）

弊社ホームページでは，書籍に関する様々な情報（法改正や正誤表等）を随時更新しております。ご利用できる方はどうぞご覧下さい。http://www.kobunsha.org
正誤表がない場合，あるいはお気づきの箇所の掲載がない場合は，下記の要領にてお問い合せ下さい。

わかりやすいQC検定　3級

著　　者　高野　左千夫

印刷・製本　亜細亜印刷株式会社

発行所　株式会社　弘　文　社

代表者　岡　﨑　　靖

〒546-0012 大阪市東住吉区
中野２丁目１番27号
☎　(06) 6797－７４４１
FAX (06) 6702－４７３２
振替口座 00940－2－43630
東住吉郵便局私書箱１号

ご注意
（１）本書は内容について万全を期して作成いたしましたが，万一ご不審な点や誤り，記載もれなどお気づきのことがありましたら，当社編集部まで書面にてお問い合わせください。その際は，具体的なお問い合わせ内容と，ご氏名，ご住所，お電話番号を明記の上，FAX，電子メール（henshu2@kobunsha.org）または郵送にてお送りください。
（２）本書を使用して得た結果については，上項にかかわらず責任を負いかねますので予めご了承ください。
（３）落丁・乱丁本はお取り替えいたします。